中国馔馐谭

悦读季大家小书院

齐如山 著

CHISO 新疆青少年出版社

图书在版编目（CIP）数据

中国馔馐谭 / 齐如山著. -- 乌鲁木齐：新疆青少年出版社，2023.11
（悦读季大家小书院）
ISBN 978-7-5590-9949-5

Ⅰ.①中… Ⅱ.①齐… Ⅲ.①饮食－文化－中国
Ⅳ.①TS971.2

中国国家版本馆CIP数据核字（2023）第202508号

悦读季大家小书院
中国馔馐谭
ZHONGGUO ZHUANXIU TAN
齐如山 著

出版发行	新疆青少年出版社有限公司	
社　　址	乌鲁木齐市北京北路29号	
电　　话	0991-6239231（编辑部）	
经　　销	各地新华书店	
印　　刷	三河市金泰源印务有限公司	
法律顾问	王冠华 18699089007	
开　　本	850 mm×1168 mm　1/32	
印　　张	5	
版　　次	2023年11月第1版	
印　　次	2024年5月第1次印刷	
书　　号	ISBN 978-7-5590-9949-5	
定　　价	35.00元	

新疆青少年出版社有限公司官网　http://www.qingshao.net
新疆青少年出版社有限公司天猫旗舰店　http://xjqss.tmall.com

CHISO 新疆青少年出版社
SINCE 1956

（版权所有，侵权必究）

目录

一、官席与火候菜 ········· 001
二、中国菜的种类 ········· 010
三、中西宴席之差别 ······· 020
四、道地的中国食品 ······· 035
五、中国菜的烹饪法 ······· 044
六、因国宴谈到中国官席 ··· 063
七、谈炒木须饭及明朝太监 · 080
八、前清御膳房 ··········· 089
附录一：自传 ············· 098
附录二：我的外公齐如山 ··· 123

一、官席与火候菜

近几十年来，世界各国，有许多人喜欢中国的饮食，于是也有许多人想研究中国的烹饪法。不过有一层，大家不可不知，就是西洋人吃过中国菜的固然不少，但吃的都是冠冕堂皇的菜，真正中国讲究的细致菜，还没能吃过，就是有吃过的，也是极少的少数，这是敢断言之的。因为外宾来到中国，我们请他们吃饭，总是官席，如烧鸭、鱼翅，等等，这些菜当然是中国最贵重最好的菜，但离细致特殊风味的菜还相当远。因为这种做法的菜，其口味虽与西洋不同，然做法尚差不了多少，口味不同者，虽不只一种原因，但大分别则是黄油与酱油：比方红炖猪肘、红烧鲤鱼等等这些菜，可以说是完全中国口味了吧，可是你若不放酱油，改放黄油（其他佐料都照旧），立刻就可以变成外国味道。至其烹饪法，则不过是煨炖而已，烹饪的时间及方法，都与西洋没什么大的分别。所谓细致菜者，则讲刀口、烹饪、时间，等等。所谓刀口者，切的要合式，大也不可，小也不可。烹饪者要讲方式，该用大勺颠的，不许用小勺搅；加佐料的情形及先后，都有分别。时间者，烹这种菜的时间，要以秒计，时间不足，或稍过，则口味都不合式，此层容在后边稍详论之。

这种细致菜，可以说是家庭菜，只宜于阔而且细致的家庭待客，或几位讲究吃的好友聚餐尚可，最不宜于官席，就是勉强用上，也万做不到好处，就是做的好，也吃不好。因为官席往往一开就是三两桌，或十桌几十桌，而且吃饭的时候，等于行礼，不许随便夹食，必须等让两次，才许拿筷子。这种菜吃的是火候，故亦名火候菜，一勺只可炒一盘，最多炒两盘，若一开三四桌，那是万不会做好；这种菜做来就得吃，过几秒钟，便过时不适口，若大家谦让半天再吃，口味一定要退败的，有这种种原因，所以官席不能用。这种火候菜在台湾家庭中当然尚有，在饭馆子中，就很难见到了。不必说台湾，就是在大陆，在南方饭馆子中，也不容易见到，而江浙一带，则家庭中多有之；所以在前清时代中，江浙人请客多在家庭中，此看袁子才他们的笔记，便可明了。饭馆子中有这种细致火候菜者，首推北平，因为它已经做了七八百年的都城，一切事业都很发达，饭馆子不但不能例外，且更特别的发展。北平饭馆子种类极多，我另有一文详述之，兹不多赘，只说饭庄子与饭馆子两种：

饭庄子规模较大，凡到饭庄子请客者，都是成桌的菜，因为多不卖临时的菜，非预先定菜不可，它有院落有戏楼，所以凡到彼请客者，多是生日、满月、婚丧、庆寿、团拜，以至请春酒，等等，多则几十桌，几百桌，少亦十桌八桌，就是接风、送行等事，至少也是一两整桌之席。所有的菜，如大海碗则不外：

红烧鱼翅　红烧海参　清汤燕菜　清蒸整鸭

红烧鲤鱼　清蒸炉鸭　烧鸭　等等

大碗的菜，则不外：

四喜丸子　干贝肚块　青汤鱼肚　青汤海参
川三片　东坡肉　米粉肉　等等

盘中之菜，则不外：

糟煨冬笋　锅塌豆腐　糟溜鱼片　虾子海参
烩虾仁　溜黄菜　烩生鸡丝　等等

　　以上这些菜，都是极讲究的菜，也都是很好吃的菜，来到中国的外宾，大多数都吃过。不过都是所谓冠冕堂皇的菜，没有火候的关系。做这些菜的时间，差几分钟，毫无关系，而且有许多种，可以做一锅，现吃现在碗里盛，也有的可以前一天做好，吃时现蒸现热，虽然也都很好吃，但与细致火候菜，口味大大的不同。简单着说，这些菜的要点，是讲"香软"二字，火候菜则讲"鲜嫩"二字。

饭馆子规模较小，前边所谈各种菜品，它也能做，但非其所长。它的长处，是专备现做现吃的火候菜，固然也有火候不十分重要，但烹饪法，则与前边所谈者，大不相同，所以在行的人，来此吃饭，不会要整桌之菜。它所常备之菜，大致如下：

花溜里脊、糖醋里脊等。花溜可以切丁切片，糖醋则都切片，做好吃到口中，只用舌头轻轻一轧便烂，绝对不用嚼，如此方算恰到好处。

酱爆鸡丁、酱爆里脊丁等。这种也必须到口中就烂，绝对不须用嚼。

油爆肚仁、盐爆肚仁、汤爆肚仁，等等。肚仁用猪羊肚均可；不去草刺亦可，但名曰爆肚，不曰肚仁。此种只用轻轻一咬，便烂，要脆而软。

川双脆。此系用肚仁及鸡肶，入高汤川之，火候极为重要，工夫稍久，便咬不动了。这种是不讲软而讲脆。

糟鸭泥豆腐羹。此亦极重火候；豆腐丁固然没什么关系，鸭肉虽剁极碎，但火候稍久，则类似有米性而不适口，且不成为泥了。

清炒虾仁。此与前边之烩虾仁不同，烩者有汁，火候稍久，口味还差不了多少。此则是清炒，稍有些汁，也须很清；火候稍久，便不能松而软了。

清炒豌豆。也可以说清烩豌豆，要极嫩的豌豆，火候最关重要，火候稍久，也不至怎样硬，口味也可以很好吃，但那完全是烹调的佐料香，至豌豆中原来的清味、甜味、香味，等等，就完全消失，则变成另一种口味了。

干炸肫。亦名清炸肫。平常恒做软炸肫肝，那就是将就着吃：肝永远可口，因为它多炸一会，少炸一会，没什么大关系，肫则大致多是硬不适口。清炸肫，因为只是肫，不能含糊，非恰到好处不可，且是干炸，没有面糊陪衬；清、香、酥、软，是它最重要的条件。

以上所举几种，都是极细致的火候菜，炒时须以秒钟计算，稍久口味便差。此外如：

糟溜鱼片。此亦是火候菜，但差几秒钟，还没什么大的关系，但这种菜要看手艺，鱼片溜熟之后，还要保存齐整，不许破烂，行话曰见棱见角；若一破碎，那就成了烂豆腐了。

糟蒸鸭肝。好的白鸭肝，加糟，入蒸笼烹之，既是用蒸，则火候当然可以稍有出入，不能像烹炒那样严格，但时间也极重要，最好是吃时，还似乎有点血，乃是最恰当的时候。生平所吃过的，以北平东兴楼为最好。

盐爆鳜鱼条。此要松而稍脆，火候一久，便软而面，不能清口了。

芙蓉鸡片。此是用鸡肉棰扁而不断不烂，加鸡蛋白蒸之，口味要软而松；火候稍久，便觉有脆意，不适口了。

　　酱汁鱼中段。鲤鱼中段蒸熟，外加酱汁，口味要松软；火候稍久，便要发散。

　　以上亦只举几种，这几种火候不像前边那样严格，然所差也不过十秒二十秒钟，再久就不对口味了。此外尚多，不必尽举。再者中国精致特殊的菜品，火候自是极重要之一点，但也有许多的菜，并不一定在速成的火候，而也另有特殊的口味，为什么能够如此呢？就是因为中国菜样子太多。我自民国十一二年起，到民国二十一二年，十来年的工夫，搜罗了全国各省各地饭馆子的菜单二百多张，每张菜单以一百种菜计算，便有两万多种。其实菜单中还不止此数，固然其中犯重的很多，但在民国以前，无论何处的饭馆，都不印菜单；民国之后，饭馆中不印菜单者仍很多，则不在菜单的菜，还不知有多少。尤其是人家家庭私有的菜，不但不能上菜单，而且都不往外传，这种的菜，为数更多，而且都好，都有特别的烹法，更无从知其数目。照这样衡计起来，全中国不晓得有多少万种，尤其是家庭中的菜，更都有其特别的烹饪法。它的种类既这样多，则烹调的种种做法，自然就有了极多的变化，极多的发明，则我国烹饪法种类之多，也是自然的趋势。这还是只说现在的，以往遗失了的做法，还不知有多少。中国菜何以这样发达呢？说来话可真是太长，兹在下边，大略谈谈。

二、中国菜的种类

西菜主纯，中菜主和

中国菜的样数多，固然是因为原料的种类多，最重要的原因，还是烹饪的方式多。其实西洋烹饪的原料，比我们或者还多，但他们的烹饪法，则较为简单，它所差的是关于佐料；至烹饪的方式，则变化较少，此层当在后边再略谈之。中国菜样为什么这样多呢？来源固然很远，原因可也很多，大致分析如下：

（甲）

中国吃饭之菜品，自古就讲套数，各种菜都要分组，自三代便是如此。例如《礼记·内则》篇所载：

脚、臐、膮、牛炙,为四豆,是第一行。
　　醓、牛胾、醢、牛脍,四豆,是第二行。
　　羊炙、羊胾、醢、豕炙,四豆,是第三行。
　　醢、豕胾、芥酱、鱼脍,四豆,是第四行。
　　雉、兔、鹑、鷃,四豆,是第五行。

　　二十种,共为五组,这还是大夫家享的。公侯王帝,当然更多。只举此一事,不必尽举,此看历朝祭天祭孔等等的规矩,便可明了。这种风气,一直传到清朝,还是如此。比方官场待客,旧日名为官席者,总是如下:

　　四干果。简言之曰四干:如核桃仁、花生仁、焙杏仁、瓜子,等等;讲究的,加入蜜饯,如蜜枣、桃脯,等等,然亦有时另有四蜜饯者,但是少数。
　　四鲜果。简言之曰四鲜:葡萄、苹果,各种鲜果,等等。

四冷荤。亦曰四凉盘,这一组之中,也有炒熟的,也有生拌的,如炒酱瓜肉、拌海蜇,等等,都是恒用的,总之都可凉吃。

以上这三组,在官席中是不能缺少的。而且是必须要先摆在饭台上的;客未入座之前,这三组都得摆好,故亦名曰压桌菜,倘未摆好,则万不许请客人入座。客人入座之后,才上现做之热菜,如:

四炒菜。大致总是用盘,有时只用两盘亦可,自这一组起,以后的菜,都是一个一个往上端的,端上一样来,才能让客开始饮酒,此菜不来,不能让客饮或吃。

四大海。海者海碗也。然有时用盘不用海,故亦曰四大菜;大致总是三样咸的,一样甜的,如燕菜、鱼翅、鸭子、鲤鱼、海参、莲子、八宝饭,等等。这一组倒是很活动,最讲究的用四件,可是三件两件一件都可。不过若是两件以下,则每件必须另有副佐着的两个烩碗，或每件四个，则两个大海，便须八个烩碗，都是用小碗；如烩生鸡丝、溜黄菜、糖烧栗子，等等，都是现做之菜。

两道点心。这种都是带馅的面食，甜咸蒸烙都可。

六饭菜。四样亦可，亦名曰押桌菜，押尾之义，都是用大碗，多是预先做好之菜，如东坡块肉、川三片，等等。

两粥菜。有时用四样，都用盘，且都是现炒之菜，专为就粥吃者，但无此亦可。

请看这一桌席，共约有四十来种菜。凡官席者，不见得都是这样讲究，但最少也得有二十种，比方四个凉盘、四个热盘、四个烩碗、八个大碗，这就是最简单的了，否则便不够官席。所谓官席者，不一定是官员所吃，总之是够一种讲究冠冕的局面就是了。一桌菜自是不会犯重的，然日期不久又请客，则亦不愿犯重，再者甲请乙吃的这样，则乙请甲时，便不会再用此,一定要有些变化,例如同是鱼翅,有红烧、白汁、桂花、芙蓉、蟹黄、清汤、清蒸,等等。只是鱼翅,便有几十种做法,其余一切都是如此,菜样当然就是越演越多,这乃是一定的情形。

(乙)

西洋民族,发达于寒带山岭地区,宜于牧畜,不宜于农业,出产牛羊等等的肉类多,出产植物较少,肉类充足,养成了一种吃肉的习惯,至今都是以肉类为主要食品,植物则不过辅助品。中国民族则发展于温带,最初在山西、陕西一带,近于寒带,且多山岳,牧畜也相当发达,所以中国人也有吃肉的习惯及嗜欲。三代以后,渐渐地往南发展,到了黄河流域,山岳少,平原多,宜于农业,不宜于牧畜,肉类渐渐地减少,越往后越不够吃,所以就不能不在植物中想法子,于是植物在食品中,就与肉类并重了。故《礼记·

内则》有：

  饭有黍、稷、稻、梁、白黍、黄粱等等的种类。

  蔬有葱、芥、韭、蓼、薤、藙、藜、蘁等等的种类。

  《诗经》中见过的水菜更多，不必尽录。

  固然周朝时代，关于饮食的记载，还是以肉类为主，但以上这些物品，已经与肉类并重了。此无他，只是因为肉类不足，不能不借重植物来帮助，以后越来越往东南发展，离西北之山脉越远，牧畜越感困难。虽靠海之区，可以得鱼类，所谓鱼盐之利，但彼时海中打鱼的方法尚未发达，所得亦不很多，且难得运往远处，则中原一大片土地之人民，都难得肉食矣。既是难得，便要设法俭省，于是不能再像周朝以前大块肉的吃法了（西洋吃肉，至今仍是大块）。乃设法切片、切丁、切丝、切末，等等，以便配合菜蔬；及变换烹饪法，某种宜于切片或切丝，某种宜于烩或烹，某种宜于慢成或速成，种种变化，越来越多。这也是中国菜样多的重要原因。总之，肉类是人类最喜欢吃的，不能足吃，便要想法子解馋。此在黄河以北有些地方最看得出来。尤其是吾乡一带若干县，离山远，牛羊肉难得；离海亦远，海鲜等更难得；全靠河中所产之鱼，绝对不够，于是肉类乃专靠养猪。当然也不能足用，可是有客来吃饭，又不能没有肉，于是便创出种种办法。在乡间夏秋两季，正是农忙，难得有客来吃饭，兹只说冬春两季。在这两季中，北方天冷，水菜种类也不多，大约总是下边的若干种的做法：

猪肉丝炒白菜丝（这样肉丝都是生的，下同）
　猪肉丝炒韭菜　猪肉丝炒菠菜　猪肉丝炒豆芽菜
　猪肉丝炒黄花或木耳　猪肉丝炒鸡蛋（此名曰炒木樨肉）
　猪肉丝炒豆腐　猪肉丝炒豆腐干　猪肉丝炒青

豆粉

猪肉丝炒锅炸　猪肉丝炒冻豆腐

以上是用生猪肉丝，种类尚多。总之，任何水菜，都可合炒。

此外尚有用熟猪肉，及拆骨肉等等的做法，可以类推，总之，可以说都是西洋没有的。以上乃是吾乡一带的情形，其余各省各处，又各有其特别的办法，总之，多是为节省肉类，又要解馋，才创出这些办法来。这也是中国菜样多的重要原因。

（丙）

西洋的烹饪法主纯，中国之烹饪法是主和。所谓主纯者，是讲纯粹，不愿弄得太乱糟嘹，比方牛羊猪肉，等等，多数都是大块，吃时现切，鸡鹅等类也多是整个。有时因不易分取，切成块再烹调者，然亦是大块，吃时每人一二块。所有配搭的菜蔬，如胡萝卜、扁豆、豌豆、菠菜泥、土豆，等等，总是分别端上来，任食者自取。煎牛肉饼，往往把洋葱丝都放在盘子的边上，不肯和在一起。这样的吃法，固然也可以说是别有风味，其原因则是肉类足用，仍以肉为主食，菜蔬之多少，则听客人自己随意取食耳。然而这样的烹饪法，终不及混在一起者，因各物混在一起，则发生化学的作用，味道又有很大的变化也。中国之烹饪法之主和盖以此故，然自古以来，历两三千年之久，才变化到了这个样子，此看《礼记·内则》中所记之：

春宜羔豚，膳膏芗。夏宜腒鱐，膳膏臊。
秋宜犊麛，膳膏腥。冬宜鲜羽，膳膏膻。

等等的这些句子，便知道它的做法，虽然相当简单，仿佛只是大块的肉类，各用各种的油煎一煎而已，但它已经讲究用各种油质，与原物配合，此已是一"和"字的意义，再证以前边所记如"淳熬""淳母"等八珍的烹饪法，等等，则和的做法，便相当显亮了。汉唐以来，历代的笔记中，也往往见到关于此事的纪录，无须多述，一直到明清两朝及现在，还是如此，且有越演越复杂的趋势，如爆三样、炒三丝、烩三丁、川三片、烩三鲜、烩杂拌、烩杂碎、八宝酱、烩什锦、全家福、一品锅，等等，写不胜写。以上还算是阔的食品，连乡间的食品，也是这种情形。比方说猪肉熬白菜，只是猪肉白菜两样的时候很少，有的则加豆腐、粉丝、片粉、海带，等等，总之，多一样则口味总有些变动，这就是"和"字的功用。有人说俄国之菜汤，则完全是由中国熬白菜传去，这话相当靠得住，因为西洋没有这种混合的做法也。因为这种和的做法，使菜样越变越多，乃是一定的道理。比方前边所谈的炒猪肉丝，同是一样肉丝，因为和的菜蔬不同，就可以变出一百多样来，有的加一种菜蔬，有的加两三种，而味道则各有不同。猪肉丝如此，其余一切一切，都可类推，中国菜样，安得不多呢？

三、中西宴席之差别

西洋可以说是有烹而无割，中国是割烹并重。割者，切也，西洋之肉类，多是大块，无所谓切。吾国在周朝对于切法，虽然尚未重要，但《礼记·内则》篇中，已有"细者为脍，大者为轩"等等的记载。《论语·乡党》中已有"脍不厌细"之语。以后历朝恒有这种记载，如唐人《酉阳杂俎》中亦有"蝉翼切"等等名目。以后越来越发达，所以有：切、剁、削、剜、片、剔、劙、划、剩、割、剖、旋等等的名目。到了明清两朝，又发达了许多，尤其是北平稍大之饭馆，割与烹已经分了工。可以说是割已比烹较为重要，总之是割的不管烹，烹的不管割，俗语便是"切的不管炒，炒的不管切"，管切菜者，名曰案上的；管炒菜者，名曰灶上的。

案上的者，因其工作都在案板上也（即古之俎），每一种菜，应用什么菜类配搭，某一种应用多少，如何切法，都归他拿主意，所以也叫配菜的。总之，一切固体的材料，都归他管，都备妥之后，交与灶上的，以后的做法，他就不问了。一个大饭馆，需用几位，最好的曰头案，次者曰二案，或帮案。

灶上的者，因其工作都在炉灶上也，每一种菜，应用什么佐料，如酱油、醋，等等，或用多少，以至如何烹调法，归他出主意，总之，凡流质的材料，都归他管。大饭馆子，要用几位，最好者名曰头灶，次者曰二灶，或帮灶。

割与烹分工合作之后，有人说割比烹还要紧，固然不敢说一定是如此，但切也很关重要，则是毫无疑义的，因为切得不对，则万不会好吃。比方若把肉丝，都切成竖丝，那任凭炒多好，也不会好吃。各种物质，有各种的切法，切的不对，口味就差。比方说，葱之一物，在烹饪中，永远是站于佐料的性质，不够正式的质料，然其切法，已有几十种之多，北方统名曰葱花。怎样的烹调法，便应该怎样的切法，几乎是一定的，倘切的不对，口味便差，兹试举数种如下：

葱烧海参，这种葱，便应"整"葱不破，切一寸多长之葱段。

㸆羊肉，便应切长二寸上下之斜段，可以稍宽。

炒酱瓜肉，便应切一寸余之斜丝，且须细。

拌洋粉，便应切长寸余之直丝，可是越细越好。

炒鳝鱼丝，便应切一寸多长之斜丝，也应细，须比酱瓜丝之葱稍粗。

炒猪肉丝，大致等于炒鳝鱼丝，但又须稍粗。

炒鳝鱼段，便应切一寸多长之宽斜丝，亦可名曰斜段。

炒猪肉片、㸆三样等等，便应切长一寸多之斜段，不成为丝。

油爆肚，便应切三分上下之横段，尚不能名曰葱末。

汤爆散带，或爆肚所蘸之佐料，如酱油、香菜、麻酱等，此中之葱，便应稍近葱末，但不许太细太烂。

炒肉末，便应切很细之末，然亦不许烂，与剁馅不同，总之，只许切，不许剁。

以上只举几种，不必尽举。不但葱如此，其余一切材料，无论肉类菜类，都是如此，切时固然有块、段、条、片、丁、丝、末等等的分别，而同是一种，亦各有不同，例如块之切法，就有下边种种的分别：

方块　有长方、斜方之分。

象眼块　有直象眼、斜象眼，冷拌之品多用此。

菱角块　形似菱角，素烩、素炒如冬菇、胡萝卜、面筋等片，合炒者，多用此种。

棋子块　扁圆者，如白萝卜、胡萝卜，等等，多切这种块，有半棋子等名目。

骰子块　四方形，比块较小，比丁较大，如烩鸭腰中之豆腐、糖溜倭瓜、炒茄生，等等，都用这种切法。

滚刀块　胡萝卜、土豆、山药，等等，恒切此块；拔丝山药及炖肉中所用各根菜类，多用此种。切时一面切，一面滚，切出来的，都是不规矩之块，故名滚刀块。

劈扎块　白菜、芥蓝菜，等等，往往用之，如醋溜白菜、芥菜白菜等是也。木匠用斤斫木，俗名曰锛，所出之木屑；又以斧断若木，永按一线去斫，难得斫断，永远是斫处稍宽，以便斫出木片，此名曰出扎，即曰木扎片，这种切法类此，故名。

以上只举数种，略以见意，无须多举，且各省各地，名词各有不同，亦不能尽举也。总之无论何物，应该怎样切法，便要怎样切，则烹炒出来，一定好看而适口，否则口味便差。因为兴出来了许多切法，便添了许多的菜样,尤其是切丝,更为重要,大多数速成的菜,都是由切丝来的,因为无论肉类菜类,若用大块,那是无法速成的。说起切法来,也相当难,有许多物品,极见技术。我问过许多厨师,哪一种东西最难切?他们说很多,比方黄花鱼切丝,十个厨师,便有八个切不好。因为切法发达,研究出来的菜样更多。再者,切与剁便另有一种风味,比方说,包饺子用羊肉白菜馅,这在北平是平常的食品,可是肉与菜,都是用刀剁烂,此名曰剁馅。又有一种名曰切馅,则肉与菜都不许剁,都用刀切成细末,如此则拌出馅来,口味是清香的,与剁馅之香腻者不同,这种情形,人人吃得出来。再如韭菜、茄子等,若想用以做馅,那是非切不可,倘一剁,那就成泥而无法吃了。各种瓜类,又非擦不可,这又算是切法的另一种。

  中国人自古就好宴客,西洋人自然也恒有宴客之时,但他们宴客无论公私,或讲排场,或不讲排场,都与中国完全两样。大致是西洋的讲究法,是在食品以外着意,如桌椅之摆设、桌单之缎或绸、器皿之样式、酒类之繁多、花卉之陈列，等等，都极端研究，甚至为请一次客，而特画图样，特制器皿者，至于食品则仍只不过一汤、两三道菜、一道点心、咖啡、水果等等而已。当然也有极讲究的，但它菜样太少，不会有什么极显亮的变化。中国宴客，其注意力全在食品以上，至食品以外之陈设，自然也相当讲究，但不过只有桌围桌帔、金银酒杯、象牙筷子而已，桌上向不摆花，也没有其他点缀品，更不许铺桌布。因为从前的礼节，客人座位的高下，要看桌面之木纹。平常可以说是，西洋客座之位，离主人越近越高，中国是离主人越远越高。可是从前则不是这个样子，比方以北为上，方桌面之木纹，各是横摆，则是北面之两座最高。但这是家庭或社会间之私宴。若官场之宴会，则桌面之木纹，须竖摆，即是南北向，则东面北边之一座，为第一位，西面北边之一座为第二位，东面偏南者为第三位，西面偏南者为第四位，北面左为第五位，右为第六位。此在各省，上至督抚，下至州县衙门，宴客都是如此。桌面上虽然不讲究，可是食品，则都是争强斗胜。所以古人在外边请客宴会时很少，大致多在家中，到现在仍如此，再加以菜样多，每次要有新鲜菜，这固然不能算是一种好风气，但多创出许多菜来，乃是势所必至的。还有一种特别的情形，更是西洋没有的，因为家家竞争，都想新颖斗胜，于是又创出下边特别的席面来：

全猪席　一桌菜几十样，完全要用猪身上之件，不但不许用其他肉，大致除佐料外，连水菜都不许用，因为太多，则有喧宾夺主之嫌。如炒猪肉片，加上几许白菜片则可，若用猪肉熬白菜，那就算是以白菜为主了。可是如果主人有特别嘱咐，则亦可通融，然按规矩则不许。这种席民国以后，在北平西城砂锅居还能做。

全羊席　一席几十样菜，都用羊肉，其情形与全猪席等。

全鳝席　一席几十样菜，全用鳝鱼，其情形亦等于全猪席。这种席江浙等省有之，北平则不见。

全素席　全席不许用肉类，虽虾米等物都不许用，严格的则连葱蒜等都在禁止之列。分两种做法，一种是随便的做法，佛教中人多用此。一种虽是素席，可是一切照肉席形式来做，如鱼翅、燕菜、鱼、鸡，等等，都要像真，甚至炖肘子、烧海参，等等，口味自与真者不同，而样式则与真者无异。所用的原料，大致不外面筋、粉坨、粉丝、腐皮（即油皮）、豆腐皮、锅炸、洋粉、豆腐、豆腐干、各种蘑菇、各种笋、各种瓜果水菜等物。这种菜现在能做的还有人，可是从前最出名的，是北平隆福寺宏极轩，专做素菜，非常认真。每逢初一十五两天，吃素的人多，各王府大员家之老太太，都派人前去取菜。因为她们以为自己的厨子靠不住，锅碗刀勺，做荤菜素菜一同使用，怕他洗不净，所以非到宏极轩去买不可。可是该轩也真认真，铺中同人一年之中，连葱花都吃不到。

此外尚有全豆腐席，我还吃过全茄席，所有的菜，都用茄子做成，也很适口。前清光绪年间，在北平西山戒台寺，吃过一次便饭，十几样菜，都是老倭瓜，好似台湾之南瓜。这些种虽微末不足道，然创做食品，则有同样的功用。

中国吃饭与西洋有许多处都相反，如中国先吃干鲜果后喝汤，西洋则先喝汤，后吃干鲜果。此外还有两种是大两样的，一是西洋是各吃，每人一盘菜，中国是合吃，一样菜大家共食，这是人人知道的。二是西洋是酒与面饭同时吃，一面饮酒一面吃，中国是酒与面饭分食，不能同时吃，这一层就有人不大理会了。可是这两种情形，都与中国菜样多，有极大的关系，大致略谈如下。

一是各食与共食的分别。各食是每人一份，例如黄焖鸡，每盘一两块，倘有十人，则十盘便须两三只鸡方足。中国菜每一大海碗，不过盛一只鸡，三只鸡则已有三大海之多，三样菜便是九大海，再加上汤及点心，质量已经很多，也就不能再多加了。中国菜则大家共食，有许多菜，如炒爆之菜等等，每样菜每人不过吃一口，十样菜每人不过吃十口，离饱当然还远得很，如此则菜样不能不多。前边所谈的大海碗，只是冠冕堂皇的局面方有之，若知心要好的亲友聚餐，则往往菜样要多，而不用海碗，如烩生鸡丝、烩鸭舌、烩鸭腰、炮鸡丁、炮肚仁、溜鱼片、炒鳝丝、溜里脊、拌鸭掌、烧茭白、烧冬笋、芙蓉鸡片、酱汁鱼等等这些菜，则每样每人至多不过两口。就说现在风行的炸春卷，从前每桌七八个人，则永远是炸十枚，绝对不够每人两枚。量既太少，则菜样不能不多，也是必然的情形。以上所谈，乃民国以前的规矩，民国以后，盘碗等器已较以前加大，尤其在台湾，又大了许多，每桌菜有八九样也就够吃了。

二是酒与面饭不能同吃的关系。西洋宴会，是入座后就吃，一面吃一面饮酒，一顿饭自始至终，都是如此。中国则不然，喝酒之时，不许吃饭，所以在宴会的席上，往往有客人说，酒已够了，拿饭来吃吧。主人必拦曰，早呢早呢。即使下人端上饭来，主人也可以使他端回去。客人要吃饭，而主人不许吃，这不能不算一种怪现象。结果客人无法，还得接着喝酒，再争执一个时间，客人又要吃饭，主人或者说，壶下酒（壶中酒也），喝完了就吃，甚至说，门前酒（已斟于杯中之酒也），喝完了就吃。在西洋绝对看不到这种情形。他所以如此者，固然是希望客人多饮几杯酒，但也因为早就有这种习惯，所有的菜，就有喝酒与吃饭等等的分别，所以平常行文或说话，就有某菜能下酒，某菜能下饭等等的分别。比方一桌菜，共有几十样，可是各有各的用处。如前边所说：

四凉盘　又名四冷荤，又名四酒菜，此专为佐酒，故做法也极讲究，有时八冷荤，也有时用四拼盘，虽然只四盘，可是每盘两样菜，摆置的也极美观。且有的厨师，专长于做冷荤，我见过一位，可以做一百多种，口味都极美。

四炒菜　都是现炒之菜，有时用六个八个，都是酒菜。

四烩碗　有时用八个，汤汁或较多，故都用小碗盛，亦是酒菜。

大海碗　有初海（较小）、中海、大海之分，用一个至四个，此为随便吃之菜，可以佐酒，可以就饭。前三类到吃饭时，无论吃的剩下多少，都要撤去，此则不撤，是亦可用以就饭也。

两点心　此是解饿之品，意思是喝了会子酒，虽然有菜，但无面食，恐怕客人已饿，故此特上点心。且上此必在两海碗之间，如只有一海碗，则此后便上，因稍晚则离吃饭太近也。

四大碗　或曰四饭菜，有时用六个八个，此菜一来，便不许喝酒了。

两粥菜　此都用盘，如无粥则不用此。

因为所有的菜，都是各有各的用处，所以菜样须特别多。这也是中国宴会菜样特别的一种大原因。

中国特别有汤菜，西洋没有，西洋只有汤，汤是汤，菜是菜，不能混乱；西洋之汤，等于中国之羹（说见后），与汤菜完全两事。中国之汤菜，乃带汤之菜，也作汤喝，也作菜吃，与西洋比较起来，乃是很特别的烹饪法。其做法，不外熬、炖、煮、川、高汤、清汤、乳汤，几种名词，至各名词做法之分，容在后边详之。

熬　猪肉熬白菜、茄子、海带，丸子熬白菜，虾米熬白菜，熬冬瓜，熬豆腐，等等。

炖　炖肘子、炖鸭子、炖鸡、炖海参、肉炖豆腐、火腿炖冬瓜、炖牛肉、炖羊肉、炖鱼。

煮　干贝萝卜球、干贝肚块、萝卜丝煮鱼、煮干丝。

川　川三片、羊肉川黄瓜片、川丸子、龙井川虾仁、川鱼片、川鱼卷、川散带、菊花鱼锅。

高汤　燕菜、鱼翅、鱼肚、肚块（猪肚）、芥蓝菜、鱼唇。

清汤　燕菜、鱼肚、翅子、海参、银肺、竹荪、银耳。

乳汤　鱼肚、鱼唇、鱼翅、白菜、萝卜、肚块、油菜、鸡块、肥肠。

此外尚有烩及卤煮两种做法，但不一定是汤菜，故不必另列。如烩三鲜、大素烩，等等，汤菜也；烩鸭腰、烩海参，等等，则非汤菜。卤煮肉、卤煮炸豆腐，汤菜也，此两种北平街面小贩卖者很多；卤煮肫肝、卤煮鸭膀，等等，则非汤菜。到北几省乡间，这种菜就更多了，大致多是熬一锅菜，则汤与菜都有了，做着、吃着，都省事。吃时每人一碗，吃完再盛，且无物不可熬，如白菜、倭瓜、茄子，等等，都是常常熬食之菜。熬时不止一样，如熬白菜，则豆腐、冻豆腐、粉丝、粉坨、海带，以至肉片、丸子，等等，都可加入。熬菠菜，则加虾米、粉丝、豆腐。熬倭瓜，则扁豆、茄子，等等，亦都可加入，尤其是乡间吃热汤面、面条之外，倭瓜、茄子、豆角，等等，都要加入，如此则连汤带菜以及面食就都有了。俄国之白菜汤，就是由中国传去，一顿饭，一盘汤，一两片面包，就吃得很饱，不必再有他菜。原因就是连汤带菜都有了，与中国之熬白菜，毫无二致。

四、道地的中国食品

（甲）中国菜中的甜食

中国特别有甜菜。西洋吃饭中间之点心，也名曰甜菜，但只不过是点心性质，没有菜的意味，样式种类虽很多，但范围则很窄。中国则性质各有不同，有的是冷盘性质，有的是盘菜碗菜性质，有的是点心性质，有的是大菜性质，有的是汤菜性质，有的是面食性质。可以说是应有尽有，于酸咸之外，另立了这么一套，这也可以算是中国菜样多的一种原因。

这里说的只是厨房现做之品，若点心铺中之各种点心，干果铺中所制之蜜饯糖果等等，均不在内，举例如下：

凉盘性质者　炒红果、山楂糕、玫瑰枣、蜜饯温朴、蜜饯海棠。

盘菜性质者　糖溜锅炸、清炸锅炸撒白糖、拔丝山药、拔丝苹果、高丽豆沙、炸元宵。

碗菜性质者　糖溜百合、糖溜白果、糖烧栗子、糖溜倭瓜丁、糖溜荸荠、蜜汁山药、糖烧莲子。

点心性质者　芸豆糕、栗粉糕、江米藕、枣糕、荸荠糕、豆面糕、油酥盒子、爱窝窝。

大菜性质者　八宝饭、炒三泥、蒸山药、糖莲子、糖百合、薏米饭、山药泥。

汤菜性质者　冰糖银耳、冰糖燕菜、冰糖葛仙米、冰糖莲子、冰糖百合、汤圆、各种鲜果羹。

面食性质者　豆沙馒头、千层饼、枣泥馒头、蜂糕、水晶馒头、栗子面窝窝头、开花馒头、各种花糕。凡面质所做之品而干食者，北方都呼曰饽饽。北平则饺子亦曰煮饽饽。水晶者，脂油丁白糖也。

以上所举都是厨师现做之品,点心铺、干果铺以至街面小贩所售者,均未列入,以其非菜品也。这些食品,与西洋情形大略相似者,固然也有些种,但中国一席菜中,可以用一两样甜菜,乃至十来样甜菜,则西洋断乎没有的。

因为中国人有这样吃甜菜的习惯嗜好,于是又创出了介于咸甜之间的菜,如糖醋鱼、糖醋里脊、糖醋瓦块鱼,等等,已经是咸甜并重了,然尚有醋为媒介,此外又有糖溜皮蛋、糖溜肉片、糖溜丸子、冰糖火腿,等等,则完全是甜与咸直接配合了,因此菜样就又多了一部分。

（乙）中国菜中的面食

中国特别有一种面菜，其原料都是面质的物品，如面筋、锅炸、粉丝、粉坨、粉皮、豆腐、豆腐丝、豆腐干、冻豆腐、豆腐皮、山药、甘薯，等等。这些物品，都是面质，与各种水菜不同，然由此做出来的菜样也很多。这些菜欧洲、美洲都没有，意大利国则有几样，闻最初也是中国传去的。兹把各种的情形，大致略述如下：

  面筋 乃麦面粉中之纤维。有硬筋、软筋等等之分。硬筋者，即洗好面筋，即时蒸熟。软筋者，用热水微泡（水渍也），惟不能用沸水，因太热就反而不软了。又有烤腐者，乃加发粉，使微发酵。由这种种做出来的菜很多。如冷拌面筋、炒面筋、渡面筋、烩面筋、烩软筋、烩烤腐、罗汉面筋、烩面筋泡（过油炸过者），等等。与各种肉类水菜，合做之方式更多。

锅炸绿豆　用水浸去皮，连水磨下，不去纤维，煮熟，即名曰锅炸。亦极见手艺，有糙、细、澄浆等等之分。吃法很多，但糖溜锅炸，或炸锅炸白糖，则非澄浆锅炸不对味。此外有炸锅炸、溜锅炸、炒锅炸、炒锅炸泥、熬锅炸。与肉类水菜合做时更多。

粉丝　是北方极普通的食品，多数名曰干粉。用绿豆、高粱、玉米、白薯、土豆，等等，都可制，都是用水浸透，连水磨下，滤去纤维，光剩淀粉即妥。种类很多，有粗粉、细粉、宽条粉等等的分别，最好的是绿豆粉。吃法很多，有拌粉丝、煨干粉、炖干粉，等等，与肉类菜类合做时最多。

粉坨　此与粉丝大略相同，吃法亦大致相同，不过彼系漏成丝，此则凝成坨耳，但彼可晾干致远，此则是现制现吃。

粉皮　与粉丝亦同，此则旋成薄片，亦可晾干致远。吃法与粉丝亦大同小异。

豆腐　此全中国极普通的食品。黄豆用水浸透，连水磨下，滤去渣滓，煮沸倾于布包槽内，把水分挤去，便成豆腐。豆腐的种类极多。滤出之后，煮沸者，便名曰豆浆，稍加盐卤（俗名曰点），不榨而滤去其水者曰豆花。点石膏不去水者曰豆腐脑。点卤带水分吃者曰老豆腐。豆腐榨稍干便名曰豆腐干，把豆浆分层泼于布上榨干便名曰豆腐丝（因其吃时多是切成丝），亦曰豆腐皮。豆浆煮沸，俟汤面稍平，用小杆挑出一层油质者，便名油皮，亦曰腐竹。以上各种，又都有各种的吃法，目下最受欢迎者为煮干丝，余不多赘了。

山药　白薯、芋头，等等，也等于面食，但与近几十年来西洋吃土豆，大致相同，不过又多了许多种做法，此处不再多赘。更为西洋所无。

又有用面粉直接做的许多介于菜与面食之间的菜品，如褡裢火烧、炒面片、油炸果、炸油条，等等。

（丙）中国菜中的动物腑脏

中国人爱吃动物肚腹中的东西，西洋则否。在六七十年以前，猪羊腹中各物，西洋阔人都还不吃，虽不是都扔掉，但总不是高尚的食品。中国古人亦不重此，但几百年以来，则成了珍贵食品。平常席面以猪肉为主，再高则鸡鱼。最冠冕堂皇的菜，则是海味鸡鸭，至于猪肉就很少用了。在北平从前牛羊是上不得席的，但前边所说的，还都较为官式的菜。若所谓细致菜者，则大多数是肚腹中的东西了。比方猪肺可以算是粗品，然清汤银肺，便是细致菜；溜肥肠便是粗品，九转大肠便是细菜。炒腰花是平常菜，腰丁烩腐皮便是细菜。炒肝尖便是平常菜，盐水肝便是细菜。盐水肝者，把肝用白水煮熟，用手掰碎，不许用刀切，再用好高汤泡透便妥。鹿尾是用猪肝、鸡蛋、麻酱三种研极细，拌以佐料，灌于猪大肠内蒸熟，色须雪白，味极美，此种砂锅居还能做，但做不甚好。以上两种，因吃过的人较少，故特注明。拌肚丝、干贝肚块等，都是平常菜，烩银丝、清汤银丝、乳汤银丝，则都是细菜了。银丝者，把肚片极薄，切成极细丝，烩出来须雪白，方算合格。

羊肉在清朝时代，除全羊席，或锅烧羊肉一两种外，是不能上席的，然肚中之品，则早就是细致菜品，如爆肚、川散带，等等，很有几种，不必多赘。

到了鸡鸭肚中之品，那就更是贵重菜了，如烩鸭腰、糟蒸鸭肝、软炸鸭肫、爆鸭肠、烩鸭舌、烩鸭杂碎等等，都是极细之菜。鸡鸭肠一物，在五六十年前，还是废弃之品，近来做得也很可口，做法大致与肚或散带差不了多少，如盐爆鸭肠、汤爆鸭肠，要脆而嫩，有时比散带还好吃。北平以全聚德做得最好，台湾没有会做鸭肠的。其实此地所做的散带，也没有一家、也没有一次够格的。固然是手艺不好，而原料也不对，说是羊肚羊散带，其实都是牛散带。牛散带在北平是绝对不能上席的。以这样的菜，给外国人吃，还说是中国出名的菜，实在是一件丢脸的事情。

此外连鱼肚中之物，都用的不少，如鱼白、鱼子、鱼肠等等，做法也很多。总之，由肚腹中之品创出来的菜，样数也实在可观，也都是西洋所没有的。

菜样之多，原料固然很有关系，但还是做法关系大得多。这也可以说是进步，兹在下边把做法的变化，再大略谈谈。

五、中国菜的烹饪法

前边所谈的，都是中国菜样所以多的原因，其最大的原因，还是烹饪法，不过烹饪法样多，则菜样自然更多；但因需要菜样多，所以才创出许多种烹饪法来，乃是当然的事情。总之互为因果就是了。

全国菜样之多，本难尽述，就说四川某家所做之太牢，即用整个牛头，连皮焖软者，口味则极美，他处则无之。又闻孙沂方先生说，一种面，乃用面粉与鸡蛋和成，切成极细丝，入笼少蒸，上加火腿各种佐料之细丝再蒸，再加一层面丝再蒸，如是者几次，味则清香可口。此面我没有吃过，一听说便馋涎欲滴。总之，各省各地，都有他处没有的特别菜，所以说难以尽述。各处有各处的特别烹饪法，这是毫无疑义的，不过，最大的分别，而又为中国特别情形者，则是慢成与速成之分。这慢成与速成两个名词，乃我由经验及调查所得，特创的两个名词。各种烹饪法，都有这两种分别，这也是比西洋进步的地方。西洋烹饪法虽也很多，但都是只有慢成，而无速成的。

从前虽无慢成、速成这两个名词，但也有这样的说法，即是慢火的菜、快火的菜两种。快火的菜，也说吃火候的菜，亦说火候菜。因为有快慢之分，则一切做法，也就都特另起了一个名词，一看名词，便知它是速成慢成。不过，有的分得很清，也有些名词，快慢做法都可，兹分开谈谈如下。不过，这些都是北平惯用的名词，因为说法各省都有不同，例如北方曰做饭做菜，南方曰烧饭烧菜，其他省份又另有说法，书不胜书，只好以北平为代表了。

冷食的部分

冷食之菜，造法也有几种。最普遍是腌菜，乃是中国的特色，全国各地都有，为乡间及贫苦人家不能离的主要菜品。日本也很风行，但效法的是中国，在第二次大战以前，德国曾派专家来研究过这些食品，盖因中国腌菜能久存，用以备军食也。腌菜确能保存很久，例如腌萝卜，用盐浸渍，一个月后便可吃，可是日期越久越好，腌十年二十年都可。我家在北平，自己便有十年以上的腌菜，乡间富足人家，家家有之。这种腌法，也分慢成速成。

腌　凡只说腌字，都是慢成，有时亦说老腌。又分两种：一是只用盐；一是用酱，这种又名酱菜，各处都有。

暴腌　现腌现吃者，都曰暴腌，这便可以说是速成,如暴腌白菜心、暴腌黄瓜丁,等等,时间稍久,便塌了秧不好吃了。

冷拌的部分

前边所说的腌菜,只是用盐,不用他物,暴腌者有时加少许花椒,且所腌者都是生的水菜。冷拌之菜,则很复杂,以原料说,有肉类、有水菜等等,以佐料说,有盐、醋、酱、酱油、麻油、麻酱、葱、蒜、姜、芥末,等等,可以说是复杂已极,不过有时用彼不用此就是了。也分慢成、速成两种,略述如下:

早拌　慢成也,从前只说喂上,意思是把各种佐料拌和在一起,以便原料可以吸收各种味道,如拌腰花、拌肚丝、拌海蜇、芥末白菜等等是也。

现拌　临吃之时方拌,速成也,如拌黄瓜丝、拌白菜丝等等是也。这种要拌好就吃,时间稍久口味便差。西洋速成之菜，只有此一种，如拌生菜，稍久便不好吃。讲究的饮宴，总要由主妇在桌上现拌现吃，时间稍久，生菜一塌秧，口味就差多，这也看主妇的手艺。

熟食的部分

这种做法，当然很多，也分慢成速成两种。慢成的做法，与西洋大同小异；速成的做法，乃为西洋所无，可以说是中国特创的烹饪法，略论如下。

慢成的部分

煨　此字有两种用法，一是用煻火干煨，如古人之煨芋等等。一是有汁，慢火致熟，如肉丝煨干粉、糟煨冬笋、糟煨茭白，等等，须有汁而不许多，且时间较短；又有煨炖之说，则时间较长了。

卤　凡卤之菜，汁较少而较咸，且必用酱或酱油，时间亦较长，如卤肫肝、卤鸭膀、卤肚等等是也。

烧　北平凡说烧的菜，都是先过油一炸，所以另有一种香味。有干烧、糟烧、红烧等做法。干烧者，汁较少，如干烧冬笋、干烧鲫鱼，等等。糟烧者，汁较微多，且加酒糟，如糟烧冬笋、茭白，等等；与糟、煨的分别，只是过油与不过油的关系。红烧者汁又较多，且加酱油，使其色发红，故曰红烧，如红烧鲫鱼、红烧肘子，又红烧白菜，亦名珊瑚白菜，因白菜帮切成细长块，过油炸红，再加汁，故有此名。

烩　这是一个后来造的字，古代无之，大致是稍煮熟的一种做法，也可以说是介于慢熟快熟之间的菜品，须有汁，且较烧煨两种稍多。火候有时须慢，如烩海参、烩三丁、烩万鱼（即鱼子）、烩豆腐、烩各种蘑菇等等是也。有时须快，如烩鸭腰、烩豌豆、烩生鸡丝、烩猪脑等等是也。

焖　慢火，久煮，锅盖严不使走气者曰焖，如焖牛肉、焖羊肉、焖猪蹄等等是也。大致都是虽焖的时间很久，但汤不许多，汤多便名熬炖，不得名曰焖了。只可有汁，不可有汤，且颜色要红。又有名曰黄焖者，则酱油较少，如黄焖鸡、黄焖鳝鱼段、黄焖豆腐等等是也。

以上这些做法，虽然是慢火之菜，但时间亦不能太久，大致可以现做现吃，北方到饭馆便可以要这种菜，若用时间太久，则非预先定妥不可，否则来不及了。西洋各种菜的做法，大致近于这些种。

速成的部分

炒　置食物于大勺中，以小勺频搅者曰炒。如炒花生、炒栗子等等都是，意思是干炒熟，不加任何物质，因其须用勺或他物搅动，所以曰炒。若菜品之炒，那就复杂多了，可以说，是任何肉类、任何水菜，都可以炒食。而且可以说是任何肉类水菜，都可以合炒，甚至三样四样，炒在一起，亦无不可。所以炒字用得也极广泛。不过重要的性质，必须有汁，否则不算炒。可是汁须极少，稍多便名烩或煨，也就不叫做炒了。炒固然是速成之菜，但情形亦各有不同，有的时间可以稍有伸缩，炒熟肉片、炒豆腐、炒白菜、炒茄丝等等是也。有的时间很严格，时间稍久，便不适口，如炒鸡丝、炒各种肉丝，稍久便硬不能食；炒豆芽菜，稍久则水分散尽，只剩纤维了；炒腰花，时间稍久，便硬而无味了。

溜　凡名曰溜之菜，其主要佐料，非有醋即有糖，或有糟，否则难曰溜，故又有醋溜、糖溜、糟溜、花溜等名词。溜自是速成之菜，但亦分两种，有的时间可以稍久，有的则非快不可。如醋溜松花、醋溜白菜片、糖溜荸荠、溜肥肠、醋溜鱼，等等，时间似可以稍久，但因各物多是过油炸微焦后再溜，所以吃着有一种香味，若溜过久，则焦处变软，香味便散去了。若花溜里脊、糟溜鱼片，等等，则时间稍久，便硬而不能吃了。溜之做法，亦须有汁，然不许多，稍多便成煨或烩了。

烹　三代之时，凡做熟方食之品，都名曰烹，与现在北方之做饭做菜，南方之烧饭烧菜之"做"字"烧"字义相同。近来北平之所谓烹者，多是速成之菜，且都是过油炸后，再加汁。如烹虾仁，倘不过油炸，便是炒虾仁、烩虾仁了。烤烹大虾、烹虾段、炸烹对虾，等等，都是先炸后加汁，所以也须快，稍慢便不香了。又有烹掐菜等等（豆芽菜去根去头曰掐菜），不过油炸，亦曰烹，因其亦系速成也。凡烩炒等菜，常加芡粉，名曰烧的菜，亦偶有加芡粉之时，但很少见，烹则永不许勾芡，汁亦不许多。

爆　乃爆炒之省文，故亦恒说暴炒，暴乃特快之义。凡特快之菜，有时离炒字太远，故平常只说爆——省去炒字。如油爆肚、盐爆肚、盐爆鳜鱼条，等等，都可说是暴炒。若汤爆肚、汤爆散带，等等，则万不能说暴炒了。凡名曰爆的菜都是极讲火候的菜，几乎是多几秒钟都不可。最难做的是油爆肚（带草刺曰肚，去草刺曰肚仁）。肚切成骰子块，入沸水微焯，此亦曰炸，因为炸字最初是用水，后来用油也借用此炸字。焯熟后捞出，入沸油炸，炸好再加葱、姜、蒜及酱瓜丁，加酱油勾汁，方算成功。此为最难斟酌之菜，水焯是关于生熟，时间稍短则生，稍久则老而硬；油炸是为质香，时间稍短则没有焦香味，稍久则发黄不够漂亮。勾汁是为的口味，各种佐料多少都有关系，而且时间稍久，则肚亦可变老。时间稍久，不但肚硬，连葱丁蒜丁两种，稍久便不对味，在行者自知。

以上的做法，分析尚多，只举数种，以例其余，都是速成极讲火候之菜，都为西洋所无。西洋讲究火候之菜，固然也不少，但也不像中国这样严格。我常在饭馆中与厨师谈天，见他们做菜时，用小勺舀各种佐料，如酱油、醋、料酒、盐水，等等，舀好便倒入大勺，连看都不看。我问他们，也不尝一尝咸淡么？他们说，不但没有工夫尝，连看一看佐料的时候都没有，倘乎取每样佐料都要看一看，耽搁时间太久，那火勺中之菜，就过火不适口了。不但此，有几种做法之菜，还要看吃的地方，离厨房有多远，倘离稍远，天气再较热，那就必须把火候做嫩一点，如此则送到桌上，便刚刚合式。十余年的工夫，同他们谈的话很多，大家的说法，差不多是一致的，我这点关于烹饪的知识，由这路地方得来的也很多。一次我在家中请客，找了一位很好的厨师，我适在厨房，见他做了一碗汤爆肚，我看有些生，我问他，这个菜火候不欠一点吗，他说在东院里吃正合式，若在本院吃，则当然微生。因吾家平行四个院，厨房在最西院，客厅在最东院，有两三院之距离，该菜在此过程中，还有变化。大致是每一个好厨师随时随地，都注意及此。

此外又有所谓炮、烙、贴、烤、煎、塌、炸，等等，其做法与西洋也差不了多少，不必多赘了。

加汤的部分

加汤者都是汤多之菜,就名曰汤菜,这种做法,也分慢成和速成两种,大致都是西洋没有的。

慢成的部分

这一部分,平常的名词,只有煮、炖、熬几种。虽然都是汤菜,可是各有性质。

煮　此字用时极多,大多数都是煮熟之后作原料,如煮肉、煮鸡等,与西洋也差不了多少。若煮好就带汤吃的,则只有煮馄饨、煮面条几种面食。

炖　凡曰炖者,都是汤多,且煮的时间较久,都是炖好后,汤物一同吃,炖猪肉、炖牛肉、炖鸡、炖鱼、炖豆腐等等都是,都较简单;样数稍多,则多名曰熬。两三样以内者,还有名曰炖的,如火腿炖冬瓜、海参炖鸡等等，再多则多名曰熬。如熬白菜，其中可加肉、丸子、海带、粉丝、豆腐；熬茄子，其中可加倭瓜、豆腐、大葱、各种豆角，等等。

熬　凡曰熬者，则一定是米面水菜及肉类合做。说已见前，不再赘。

速成的部分

这一部分之火候，比前边之炒、爆等，似乎有时还要严重。这也都是西洋没有的做法。

川　此似应写做爨，因为古人做动词用时，应读平声，但字画太多，不合用，只好随俗写川字。乃是极须注意之速成菜，如川羊肉片、川黄瓜、川鸡肉片、川鸡卷、川散带，等等，时间稍久，便不能吃。例如川黄瓜片，端到桌上，黄瓜片须浮于汤面，倘若沉下，便不适口。讲究的饭馆，便须端回另做。

涮　入水便捞出者为涮，平常涮吃者，最普通的是羊肉片，其次是鸡肉片、鱼肉片，最讲究的是野鸡片，凡此都是自涮自吃，无所谓手艺，总之是稍老便咬不动。又有涮菠菜，吃过的人不多。用猪骨、青蛤或鱼肉煮好汤，入大锅，用约三四个叶的极嫩菠菜，入汤一涮即取出，蘸极好酱油，无需他物，便极香美。

爆　即是暴川，如油爆肚、盐爆肚，都是爆炒之义；汤爆肚，即是暴川，但都简言之曰爆。如前边所说散带，亦即暴川散带，因为简言曰爆，遂把暴字又改写爆字，否则此爆字无法解释。好在汤爆之菜，种类并不多。

蒸食的部分

蒸食者，用水蒸气蒸熟之谓也。这种菜西洋可以说是没有，有亦极少，中国则发明的很早，自三代已有之，如鬲、甑、甗等器，都是蒸食所用之具，以后逐渐发达。按蒸比煮炖等，口味可就好多了，比方一只鸭子用同样的佐料，用同量的水，一蒸一煮，口味则截然两样，因为蒸熟，不至消耗水分，且不受沸滚，水亦不变质，所以气味永远还是清香，而无混浊之味。虽同是蒸，也分几种，如蒸鸡蛋糕，乃极平常食品，糟蒸鸭肝、干蒸鲫鱼、清蒸鲫鱼、清蒸炉鸭、粉蒸肉、蒸山药、一品锅，等等，种类很多，蒸法各有不同。兹只谈谈大家不注意的两种。

蒸山药　山药北方亦曰麻山药，乃淮山药之又一种，长约尺余，粗约寸余，为北方颇普通的食品。蒸时先去皮，因含有铁质，去皮后，有时发黑，则不漂亮，必须先用沸水一烫，然后去皮。蒸时稍加新炼得之猪油；蒸的时间，须要注意，短则生，久则淀粉与纤维离异，亦不好吃，加猪油者，为其柔香也。倘若煮食，则口味与此就相差太远了，第一无法加脂油。

一品锅　原料为猪肉、猪蹄、鸡、鸭、火腿、口蘑、香菇、鸡蛋、海参、鱼肚、鱼骨、豆腐，冬天或有白菜，大致如此，当然多两样少两样，没什么关系。先把肉类及鸡鸭煮六分熟，捞出，把汤澄清去油，倾入盆内（此盆即名一品锅），汤底之渣滓，一概不要。再把肉类放在里边，火腿去浮面发黑之一层，入沸水微煮亦加入。鸡蛋煮熟去皮，亦加入，如系红汤的一品锅，则鸡蛋还须过油一炸，使蛋白发皱，如系白汤，则不必炸。豆腐亦应稍炸，海味都发开，蘑菇则发开洗净，通通加入锅内。蘑菇汤则更须加入。再加酱油、盐、料酒，入笼蒸熟，口味清香而不腻，比煮炖者不知强胜多少倍。此为北方待客恒用之品，有客来只此一样，或稍加一二冷盘，便吃得非常舒服。亲友间亦常以之送礼，因为只此一件便是一桌菜的性质，锅中原料多者十几种，少者只猪蹄、鸡、鸡蛋三种便是，因乡间海味不易得，而火腿口蘑，亦系极珍贵之品也。

有人说中国菜，失之太油腻，这话得两说着，也可以说完全不对。中国菜是有油腻的，但那大致是中等以下的饭馆，因为这类的饭馆，是为中等以下之人所吃（所谓中等者，乃指财产而言，非指品德）。因为他们平常所吃，可以说只是粮米蔬菜，至于肉类，乡间之人，一年不过吃几次；北平虽然可以不断吃，但一个月也不过几次，每次每人至多不过二两肉。他们胃中是素的，可以说一点脂肪也没有，偶尔吃一次饭馆，当然是爱吃较为油腻的东西，他们也实在需要油腻的东西，所以吃了不但无伤，而且有益，于是这一阶级的饭馆，也就要特别预备这类的菜。若稍阔主人，平常饮食,虽然不能油腻,但肉、鱼之类较多,所以偶尔到饭馆吃饭,则万无油腻之菜了。因为他们所吃的饭馆,大致是东兴楼、泰丰楼、丰泽园、明湖春,等等,这些馆子里头,就没有油腻菜。

西洋菜与中国菜两样的地方,在前边各部分中,大致都略微谈及。西洋的烹饪法,最有进步,发明最多的,首推烤的做法。西洋的菜,几几乎是无一物不可以烤,且所烤之物,无一种不好吃。按各种鱼类肉类,固然都宜于烤,而各种水菜,烤出来亦极美,这是中国望尘莫及的。中国固然烤的食品也不少,如点心铺中之出品,及街面上所卖之火烧、烧饼等等皆是,然厨房中则极少,大致不过烤鸭子、烤小猪两三种,且都是预先不加佐料,烤热之后,吃时再加。这可以说,还是原始的烤法,毫无进步,与西洋之加好佐料再烤者,大不相同了。西洋菜,除烤之一种外,其余烹饪法虽也很多,但因其不讲切法,所有鱼类肉类,都是成块的,块之大小,固然不同,但多数是块,则是毫无疑义的。既是成块,则中国之炒、爆等等烹饪法,都用不上。因为成块的肉类，这样速成的做法，是做不熟的，于是只好用煨、炖等等的办法。这是中西烹饪大两样的地方。总之中国的吃食的情形，因为切的细，所以所有的工作，都归了厨房，吃者只用一双筷子便足；西洋则是厨房担任一部分，而吃者亦须担任一部分，所以非用刀叉不可。

六、因国宴谈到中国官席[1]

按国宴二字，不是可以随便说说的，既云国宴，便须重视这个国字，不是本国的东西，则一点也不许搀杂其间。既曰国宴，则不但菜品，应完全用本国原料及本国烹饪法，连摆设吃法，也须用完全中国规矩，桌椅盘碗，以至勺箸等等，都须用中国旧式之器。兹把各该部分旧日的规矩，大略谈谈，以就正于高明。这里有必须要郑重声明的几句话：下边所谈的旧规矩，不是一定非照这样不可，但既云国宴，则这些规矩，便非知道不可，虽不能完全照办，但亦不许离开太远，以符国宴二字。倘离此太远，那就不能叫做国宴了。

[1] 六、七、八三部分文章原收在作者《杂著》一书中，因谈饮食之事也颇可读，现一并收入本书。——编者注

桌　椅

　　先谈桌椅之摆设法。中国吃饭，凡用上这个宴字，便与随便吃饭不同，都是有礼节的性质。绝对没有用圆桌面的，都是方桌，且桌上不许铺任何桌布等等，平常往往铺牛皮油漆描金桌面者，但吃饭时，必须去掉。其摆设法，约分两种。甲种是桌面木纹横摆，乙种是桌面木纹竖着，图如下：

甲种		乙种	
二座	一座	六座	五座
四座	三座	二座	一座
六座	五座	四座	三座
主人		主人	

　　甲种之摆设法，是私人宴会之规矩，全国私家宴会，都是如此，而北平无论公私宴会，也都用此式。

乙种之摆设法，是全国各省官场宴会用之，上自督抚，下至州县各衙门，都是如此。

以上两种，都是恒用的办法，宋元以前不必说，大约明清两朝都是如此。不过几十年来，各处都是用甲式，至于乙式的摆法，就有许多人没有见过了。然除知心朋友随便聚餐外，像婚丧庆寿等等行礼式的宴会，则绝对没有用圆桌面的。因这种办法，每桌只容七人，于现在之宴客之人数，多不合用。自然不能说非照此不可，但国中若干年来，传统的办法，则不可不知。然若人数较少，则未尝不可用圆桌面，或另想办法。要紧是躲避西洋的办法，近于中国的办法，方能算是国宴。

盘　碗

四鲜果　梨、苹果、橘子、葡萄，等等，简言之曰四鲜。

四干果　蜜饯、果脯、核桃蘸、花生蘸，等等，简言之曰四干。

四冷荤　肝、肚、炒菜、冷拌之菜，等等，但须凉的，亦名曰凉盘。

以上这十二盘，必须用七寸盘，乃是不可少的。平常的筵席，可以没有四鲜四干，而冷荤可以用八盘，官席则非此十二样不可，名曰压桌菜，简言之曰压桌。照规矩须先把这十二盘摆放在桌上方许让客入座，所以曰压桌。四冷荤中，荤素都可。

四炒菜　烩鸡丝、烩虾仁、糟溜鱼片、花溜里脊、烩冬笋、烧茭白、糟煨茭白、炒腰花、烩鲜蘑，等等。

这种完全是下酒之菜，炒烩都可，惟必须热，且不许有汤，故不许用碗盛，必须用七寸盘。倘后边大菜多，则此用两盘亦可，然总是用四盘为宜。

四大海碗　简言之曰四大海，清汤燕窝、芙蓉燕窝、清汤银耳、清汤鱼翅、桂花鱼翅、白汁鱼翅、红焖鱼翅、清蒸鸭子、八宝鸭子、锅烧鸭子、烧鸭、清蒸炉鸭、清蒸海参、红焖海参、葱烧海参、红焖大乌①、清蒸大乌、清蒸鸡、黄焖鸡、红烧鲫鱼、糖醋鱼、干蒸鲤鱼、高汤鱼肚、黄焖鱼肚、白汁鱼肚、奶汤鱼骨、清蒸鱼骨、红炖猪肘、清烩葛仙米、冰糖葛仙米、冰糖燕窝、冰糖银耳、清蒸莲子、糖烧莲子、清蒸百合、糖烧百合、八宝饭，等等。

这种菜品，为官席之主菜，总是俗语恒说的山珍海味，若平常原料，只可以用鸭子，若鸡就不够讲究了。至于八珍中之熊掌、猴头，等等，虽极贵重，但是另一种席面用之，官席则不甚相宜。时令珍品，如鲥鱼、银鱼、白鱼，等等，适值其时，亦偶用之。总

① 大乌，即黑鱼。

之常用者，大致不出以上数种，因为常用，故又特起了一种名称，如有燕窝，便名曰燕菜席；有鱼翅，便名曰翅子席；有翅子鸭子，便曰鸭翅席，等等。

这种虽曰四大海，但用三个、两个，至少一个亦可，如用四个，则菜品多是三咸一甜，或两咸两甜，三个则两咸一甜，两个则一咸一甜，一个则必须用咸的。

所以名曰海碗者，以其尺寸较大也。又有头海、二海、三海之分，头海口径约尺余，三海口径亦七八寸，再小便不能名曰海碗了。这种大菜，亦不一定用碗，有时亦用盘，如红烧鱼、糖醋鱼、八宝饭等等，则多用盘。盘最小者，亦须口径九寸，大者则尺余，名曰冰盘。

八烩碗　烩虾仁、烩鸽雏、烩参丁、烩鸡丝、烩鱼肚、烩鱼骨、烩葛仙米、溜鱼片、烩里脊、烩鸭腰、烩鸭舌、烩鸭掌、烧冬笋、烧茭白、烩豌豆、烩蛏干、溜黄菜、烩鸽蛋、炒腰花、溜蟹黄、炸溜面筋、糖烧栗子、糖溜山药、糖溜荸荠、糖溜白果、糖溜锅炸、糖溜葡萄，等等。

这种菜品原料，范围极宽，时菜、水菜，都可用；海碗中所用之原料，亦都可用，但不得与海碗犯重耳。

这种菜都用口径三四寸之小碗，即名曰烩碗，不得用盘。用八个、六个、四个都可，但不单上，都是随海碗端上，每一海碗，随上两个或四个。所上海碗如是咸者，则此烩碗亦用咸菜，如彼系甜菜，则此亦用甜者，此通例也。

前边四冷荤、四炒菜，都名曰酒菜，此等大海，名曰大菜，或正菜，虽不算酒菜，但吃此时，亦不吃饭及面食，只是饮酒而已。

两道点心　各馅烧麦、各馅包子、各馅烫面饺、芸豆糕、豌豆糕、栗粉糕、菱粉糕、荸荠糕、蒸山药、炸春卷、炸元宵、炸锅炸壳、炸鸡油卷、油酥合子、卷酥、酒酿葡萄羹、酒酿橙子羹，等等。

这种点心,永远是两道,不过原料做法,范围都很宽,蒸、炸、煮、烙都可。

此处须用点心的意思,是前边所有的菜,都是一边喝酒一边谈天,绝对不吃米面食品,喝酒谈天,时间已久,怕客人要饿,所以特备这种食品。

四饭菜　东坡肉、粉蒸肉、四喜丸子、狮子头、川海参、川三片、川鱼肚、虾米白菜、卤煮炸豆腐。

这种亦名曰四大碗,或曰四押桌,大约都是较粗之菜,专就饭吃,多是汤菜,故曰饭菜。有时用六碗,此种菜一上,跟着就吃饭,为最末押尾之菜,故曰押桌菜。

中国的宴会,与西洋的宴会,除都是往嘴里吃之外,可以说是一切事情规矩,完全不同。西洋宴会,每人一份；最美的菜，自然与随便的菜，口味价值，也是相差很远，但形式则差不了多少。中国的筵席，北平及北方，普通都曰席面，种类分析，异常之多，各省固多不同，而一省之中，又分若干种，实难多墨。以上所举，只是从前所谓官席，且是最讲究的官席。其实八盘、四烩碗、一大海碗、八大碗，也是官席，倘菜品原料讲究，虽盘碗较少，也可以做成很好的官席。

食　具

饮食的器具，西洋用刀叉池，中国现在多数只用勺箸，到乡间最简单吃法，可以说是只用箸一种，用勺者则系少数。其实从前多用四种，所谓刀、叉、池、箸。

刀　古人吃饭多用刀，因彼时肉类等物之切法，尚与现在西洋相同，多切大块，吃时当然要用刀。后来烹饪法进化，烹调之外，又讲刀口，诸物切得极细，可以说是一切工作，都归了厨房，吃饭桌上，只用一双筷子便足，就不用刀了。然在前清光绪初叶以前，北平官席，用烧烤时，都是用烧小猪，没有烧鸭的。吃烧小猪，还都用刀，后改用烧鸭，就更用不着刀了。可是蒙古人吃饭时，还离不开刀，所以每人身边，都带一份刀箸，其刀细长，与两箸装于一筒中。北平从前卖此物者极多，大半售与蒙古人，而北平亦家家有之。

叉　官席无不用叉，叉之形式，与西洋不同，都是细而直，银制铜制都有，可以说是专为食水果之用。如苹果、梨等等，都是由侍役切成块，用叉取食之，不得用箸。如用菱粉糕、荸荠糕、豌豆糕等等点心，亦必用叉食之，不得用箸。此不成文之习惯法也，然人人如此。

池　原名勺，后名为池，盖由匙字讹来，因《说文》匕字下段注有茶匙、汤匙等字也。国中凡有宴会，无不用勺者，不过形式与西洋稍不同耳。

箸　原名箸，因南方人船上忌此字，因箸音同住也，于是改名曰筷，因筷音同快也，遂风行。

若干年来，一直到现在，凡稍讲究之筵席，无不摆放叉池箸者，但都不用刀了，好在中国之菜品，须自己在桌上割切者，亦极少见，则不设刀子，亦毫无关系。

西洋人日常生活，当然是以吃西餐为宜，但到某一国，总要尝尝某一国的筵席，这是毫无疑义的。比方德、法的菜，与美国就不同，美国人初到德、法，若正式请客，则一定要用真正的德、法菜，到中国更是如此，乃另一民族，其烹饪法，与他们完全两事，安得不想尝尝呢？所以来到中国，住在饭店中，日常吃饭，自以西餐合宜而适口。倘中国人请他们吃饭，则非吃中国菜不可，不过中国饮食，分类很多，普通着说，可分四种，即便饭、便席、特别菜、官席。

便饭　即家庭菜。这种菜，在大陆以江、浙、湖南、广东等省为最讲究。尤其是江浙这两省，千百年来，没有出名的饭馆（从前之扬州，又是一种情形）。

杭州虽做过都城，而出名的只有五柳鱼几种。可是家庭中老妈做的菜，好的极多。各省当然也都有这种菜，但不及这几省普遍。这种菜虽然不都特别，但都是细致菜。凡吃这种菜，都不拘形式，不管有几冷几热，几蒸几炒，总之有三五样，或七八样，可吃得极舒服。袁子才《随园食单》，多是此种，不但菜蔬，连米面点心，甜食都包括在内。款待外宾，如系私人交谊，知心的朋友，最宜用此，花钱不多，吃得新颖而舒服，且显着交情亲热，有三五样，或七八样菜便足。自己能做最好，或请亲友之家眷帮忙，亦无不可，外宾难得吃到这种菜。

便席　即现在饮馆中之筵席。从前各省饮馆，都有各省的风味，如今在台湾，是搅和在一起了，然总还有相当的技术，相当的局面形式。平常或公式的请外宾，都无妨用这种席面，因为做者都熟练，容易平妥，不容易出毛病。但稍重要之局面，则无妨用前边所说简单的官席。因凡外宾，可以说是都吃过这种便席，显着不新鲜，不及这种官席，较为新颖且郑重。

然无论何种席面,都万不可迁就外国人,夹杂他们的烹调法,因他们的烹调法,他们在本国,随时可以吃到,用不着到中国来吃。

特别菜 约可分三等。上等的,则有全猪席,只用猪肉。全羊席,只用羊肉。全鳝鱼席,只用鳝鱼,此外不必尽举。但这种规模较大,不易轻举,不过聊以举例,以明中国确有这种席面就是了。在前清光绪初年,北京尚往往见到;民国以后,西四牌楼南,路东砂锅居,尚能做全猪席,至于全鳝鱼席,只南方有之。

中等的 烧鸭,从前吃烧鸭,都是单吃,没有加入席面的,至今北平全聚德等等炉铺,尚是如此。一品锅,北方城池中,从前很风行。春饼盒子菜,北平、山东都盛行,今北平尚有之。汆羊肉、炮羊肉、烤牛羊肉、螃蟹,等等。凡请客用这种菜,都是只用一样,最多有四样冷菜就够了,不用别的菜品。比如吃一品锅,都是只用此一件,可是其中物质也很全。如吃螃蟹,则亦只一种,《红楼梦》中吃螃蟹,便是如此,大陆讲吃螃蟹者,也是如此。至汆羊肉等等,现在台湾,也是如此。

下等的　白肉、火锅、饺子，等等。各省各处，都有特别的吃法，不必多举。这种菜所谓下等者，并非恶劣之义，不过又较简单耳。例如吃白肉，把猪肉煮熟，肉汤熬白菜，猪肉切成片，爱吃冷的，则蘸酱加葱；爱吃热的，则把肉片再在白菜锅稍煮，即蘸酱油烂蒜，亦极可口，北平旗人祭祖聚餐多用此。再如火锅，有十锦、八宝、野鸡、白肉等等的分别。饺子更是北方普通食品，馅子种类也极多。总之请人吃这种食品，都不用其他的菜，最多四个冷菜而已。

倘非正式行礼的宴会外宾，则亦无妨用这种特别菜，好在此地之氽羊肉、烤牛肉，等等，已很风行，但不够讲究耳。烧鸭的制法吃法，尚不够格。一品锅、盒子菜，等等，尚无用者，不过薄饼盒子菜，在北平亦只春天食之，立春节日，更是家家要吃，所以薄饼名曰春饼，盒子有一种曰春盘。

官席　前边已详，正式礼节宴会，最宜用此，倘名曰国宴，似乎更非此不可，以其较为庄重也。

还有一层，必要注意，中国菜最不宜各人单吃；有的还可将就，有的倘各人单吃，便要失去美味。尤其是细致菜，旧规矩差不多是每人只吃一口，若各人单吃，则须多做，便不容易恰到好处了。倘每人碟中，只备一口之多，则不但不好看，而且极易冷，便失去美味。

补 充

（一）中国桌椅，向有很讲究的桌围椅帔，西洋可以说是没有椅帔，而中国桌围，则都是挂在桌之前面，桌面上无铺布者。或者有人说，餐桌上铺布，乃是极普通的规矩，不可不铺，且不铺亦不美观。其实这话很错，有三种理由：一是中国向不铺布，既云国宴，就万不许铺。二是好的桌面，比布并不难看，或更较美。三是外国虽铺，我们也可以不铺。

（二）有人说，中国规矩用方桌，只能容六七人，圆桌也不过坐十几人。西洋长桌，有几十人都可以坐在一起，一个主人都可以陪食。这话自是有片面的道理，但是所谓陪食者，是为招呼及谈话耳，若人数太多，有的座位离主人好几丈远，不必说招呼，几几乎连看都看不见，似此情形，坐一桌与坐两桌，又有什么分别呢？况且中国有中国的规矩，主人能够各桌上敬酒一次，也就等于陪食了，或两位主人，及多位主人，换座相陪，也是常有的情形。

（三）前边说过，上点心以前，主与客都不许吃米面食品，如果客人觉饿，要些点心吃还可，若想要饭吃，主人是不答应的。客人除极熟人之外，也必不肯要，这是中国一种特殊的情形。但也有原因。因为中国原来请客的性质，不是专为吃饭，而是为聚谈，或谈学问，或谈时事，或道积愫，所谓东晋清谈，即是此义。其次便是饮酒，盖一面饮酒，一面可谈，一吃饭就不易谈话了。所以从前请客帖子，都是写洁樽候教、洁樽候叙，或菲酌、便酌，教、叙，都是说话；樽、酌，都是饮酒，没有写请吃饭的。近些年来，西洋人宴客，也有讲话之时，但他是特别立起来讲，与中国边吃边谈者稍异。

（四）所谓细致菜者，如花溜里脊、酱爆鸡丁、油爆肚仁、川双脆、清炒虾仁、清炒豌豆、干炸肫、糟溜鱼片、糟蒸鸭肝、盐爆鳜鱼条、芙蓉鸡片、酱汁鱼中段，等等。以上各菜之做法，余另有文详释之。按这种菜，各省多有，且各有长处，举不胜举；且多是火候菜，技术稍差，便不适口。

偶与友人谈天，谈及此事，他说请外宾吃西餐，确不合式，有两次贵宾在招待之后，特别自己叫了一桌中国席，并说中国菜比西餐好吃的多，这是必有的事情。

七、谈炒木须饭及明朝太监

偶与几位友人谈天,忽谈到炒木须饭这个名词。一位说从前乘火车,在饭厅车上,常要道鸡蛋炒饭。在民国十几年以前,大家通通说是来一盘炒木须饭,后来就渐渐有人说要蛋炒饭了。一次在民国二十年乘车,对茶房说要一份炒木须饭,适该茶房是一很年青新上班者,不知此名,旁边一年稍长之茶房赶紧告诉他,就是蛋炒饭。后来此青年问年长者:蛋炒饭怎么叫做炒木须饭呢?年长者乐了,就对我说,蛋炒饭为什么叫作炒木须饭,他问过许多人都说不上来;问我知其来历否。我乐了,也说不上来,后来问过许多人,都不知其原因,此事在脑子中,已存留了三十多年,今天和您谈起来,我想您一定知道。以上乃友人的一段话。我也乐了。

我说这件事情，无怪您不知道。此事实在是始自北平，但北平，虽然都是这样说法，可是知道它来源的人，就极少极少；北平以外的人，就可以说没有人知道。如今事过境迁，更难遇到知者了。此事我倒确能知道一个大概，不过说来话很长了，我为考查这件事情，也费过二三年的工夫，问过许多人，才得到了点结果，如今您问起此事来，我倒是可以很详细地同您谈一谈。我起意考查此事的原因，实因为刚一到北京入同文馆，吃饭时，同学们常常要一种汤菜，名曰逛儿汤。这种汤的做法，是用高汤勾芡、再加打碎之鸡蛋便成，吾乡即名之曰鸡蛋汤，或曰鸡蛋羹，同学们何以呼曰逛儿汤呢？后来才知道，北京人都如此呼法，但谁也说不出理由来，因此我便注了意，问过很多的人，后问到大饭庄子中之老掌柜，才得到大概。最后遇到前门外樱桃斜街，宗显堂饭庄一位老掌柜，这个饭庄，历史最久，在明朝就很出名，这位老掌柜，已八十多岁，他对我说了一大套极有价值的话，不但是极有趣味的一件事情，且是明、清两朝，北京很有价值的一段掌故。

他说此事实始自北京，且始自明朝，乃是由太监而起的。因为明朝太监权势极大，又不通人性，所以人人惧怕，大家对于他们，都是躲得远远的，最怕得罪他们；不得已同他们说话时，也都极端小心。因为太监们忌讳极多（一直到清朝末年还是如此），最忌讳的是"鸡蛋"二字，所以大家当着他们，万不敢说。尤其是在饭馆子中，常有太监去宴会，更要小心避讳，倘鸡蛋两字之下，还有别的字，还可以将就着说，如烩鸡丝、爆鸡丁等是也。倘二字之下，没有别的字，则非避讳不可，卤鸡曰卤牲口，酱鸡曰酱牲口。他还说，听得老辈们说，在明朝还严厉得多，到清朝已较随便多了。

我听他这一套话，高兴极了，后又在各处考查对证，他这话一点不错，且确是始自北京。因把各种菜名之改换称呼者，搜集了许多，曾记得有三十几种，目下却记不全了，只忆到二十来种，兹把它写在后边。按这样极小极琐屑的事情,似乎值不得这样郑重其事地来做,但是这里边情形,不但可以算是北平小小的掌故,且于风俗考据也有相当的关系,所以不惮烦琐,把它大略谈上一谈。按它改称的这些名词,有的只行于北平,他处听不到的;有的在北方尚能通行的,有的传到各处,又有变动的,兹大致列下:

鸡蛋改名曰白果

鸭蛋改名曰青果

薰鸡改名曰薰牲口

卤鸡改名曰卤牲口

酱鸡改名曰酱牲口

以上几种,并没有什么道理,不过因为鸡蛋是白色,鸭蛋是青色而已。所谓牲口者,不过因为它是兽类,然管禽类叫做牲口终归勉强,有人说是太监改的。按白果青果,两个名词在北平市面中,并不甚通行,而天津倒盛行。鸡名曰牲口,则只北平如此说法,北平以外，很难听到。

蛋花改名曰甩果

如做一种汤（面条等等，也包括在内），将熟时，再把搅烂之鸡蛋，洒于汤面，便名曰蛋花；北平乡间，通通名曰乱鸡蛋。北方这个乱字，用法很宽，比方说勾芡，都叫乱面糊；北平则曰甩果，他处则无此名词。

炸鸡改名曰炸八块

《礼记》中载，雏尾不盈握不食，北平最讲究吃刚盈握小鸡，切成八块炸食，故即名曰炸八块；然鸡稍大，或座客稍多，都不能只用八块，不过因避讳鸡字耳。可是这个名词，便传留了几百年，至今北平仍用之。乡间从前无此名词，民国后始有之。

炒鸡蛋改名曰摊黄菜

溜鸡蛋改名曰溜黄菜

这两种无他意义，只是颜色发黄故名。按炒鸡蛋是极普通家家有的一种菜，故名词更严格，北平饭馆中，绝对没有一人呼为炒鸡蛋者，临官路大道的客店，也是如此。而乡间则无此称呼，盖因北平太监多，官路客店，也常有太监来往，所以特为避讳；乡间则难得有太监踪迹，故无所讳忌，即此亦可见明朝太监之跋扈骄横了。溜黄菜的做法，创自北平，又流传到乡间，故乡间亦名曰溜黄菜，没有人呼为溜鸡蛋的。

渥鸡蛋改名曰渥果儿

炒鸡蛋改名曰炸荷包

把鸡蛋打开，整个放入沸汤中，不使碎者，曰渥果儿。用油炸者，曰炸荷包，以其形似荷包也。因此乡间把渥鸡蛋，又呼为荷包蛋，是把名词又改成动词。

肉丝炒鸡蛋改名曰炒木须肉

鸡蛋炒饭改名曰炒木须饭

鸡蛋羹改名曰木须汤

大片鸡蛋羹改名曰果儿汤，讹为逛儿汤

这才说到木须这个名词，此二字乃译音，原字始自新疆一带，大致凡琐碎乱杂者，多名曰木须，来源已经很早，这就是前边所说关于考据的事情了。有一种植物，宜于喂牲畜者，名曰木须，即因其叶状细小琐碎之故。因用的日久了，又特造出了两个字曰苜蓿，所谓"苜蓿随天马，葡萄逐汉臣"者是也。但字虽写为苜蓿，而口头说话，则仍用木须二字之音；亦因宿字，北方总读为须或修也。又桂花因其花状琐碎，西方亦曰木须，而翻译佛经者，未用中国原名之桂字，而直译其音，又特造了一个"樨"字，曰木樨，所谓"闻木樨香否"者是也。这个"樨"字，虽然经诗人用了多少年，但韵书及字书中，均未收它；只《字汇》中有之，云亦作犀，这总算生拉，好在是译音，写哪一个字都可。再"樨"字虽然读做西，但用糖浸渍之桂花，则仍通呼为木须，所谓玫瑰木须，亦曰桂花卤子。

鸡蛋炒饭，所以名曰炒木须饭者，因从前最讲究的炒法，是把蛋打碎，再与饭搅和在一起，然后再炒，炒出来蛋是很琐碎的，所以名曰木须饭。后来图省事，尤其是在火车上，都是先把蛋炒熟，俟用时便把饭放入勺中，再加些炒熟之蛋，略一搅和，便算成功；这种炒法，鸡蛋多是成块，便不能叫做木须饭了。

变蛋改名曰松花，因此须用松枝之灰，包裹浸渍，蛋白中有松叶式之花纹故名。

蛋白蒸物曰芙蓉，如芙蓉鹤片，芙蓉燕菜等等，盖以形色娇嫩如芙蓉也。

蛋黄制菜曰桂花，如桂花干贝，桂花鱼翅等等，盖因其黄碎琐屑，如桂花也。此与木须同一性质，因系南方人起的名字，故不曰木须，而曰桂花，因木须二字，在南方向不通也。

请看以上的情形，虽然是琐屑不足道的小事，但由此可以看到前明太监之骄横凶暴，所以社会中，但有办法，总不敢用鸡蛋二字，这种风气，在南方向不大理会，盖因其离北京较远，太监的恶势力，不易达到也。北方乡间，如河间一带，因出产太监，故亦稍讳，然不重要，北京家庭中亦较随便，惟饭馆子中，则特别认真，就是因为太监常到的关系，由此亦可证明，此种情形，乃确是由太监而起的了。民国以后，这些名词，都渐渐消灭，然如松花、溜黄菜、炸八块、木须肉、芙蓉、桂花等等名词，到目下还仍然存在着。

  王叔明兄嘱我写点有趣的掌故，按事实可算一种掌故，且极有趣，故写此应命，惟稍嫌不郑重耳。

八、前清御膳房

友人说关于清宫的事情，内务府、太医院、如意馆都曾经谈过了，为什么不谈谈御膳房呢？按御膳房也的确值得谈谈，不过似乎得匀三个部分来谈。

一是膳房的情形，当然相当奢侈。

二是皇帝也相当的苦。

三是御膳房中之厨役，技术并不见得怎的高明。

说到皇帝吃饭之奢侈，自古已然，所谓百二十瓮酱供一餐，在《周官》及《礼记》两书中，记载得便相当详细。历朝的情形不必谈，单谈前清，据几种记载说，前清比明朝还俭省的多。但清朝也就够受的了。皇帝每顿饭，是一百单八样菜，皇太后亦是此数，皇后则九十六样，皇贵妃六十四样，贵妃、妃、嫔、贵人以下各按等级递减。每顿饭都是各人吃各人的，不但分着做，而且分着买。民国以后，前清御膳房之档案账册，都流落到外边，我就购得了几十本，册中列的每日所买菜蔬数目极详，皇帝一份，当然最多，其余如后妃等等，每人猪肉多少，羊肉多少（宫中不许吃牛肉，但每日饮牛乳），鸡几只，鸭几只，鸡蛋多少，豆腐几块，白菜几斤，葱多少等等一切，大约总是几十样。此外还有各省进贡的食品，也要每人分给若干。不但够主人身份的人如此，如宫女等等，也都单有菜，所有的人，都是各自单吃单做，本来也不能合吃。故宫后来开放为博物院，人人可以进去观看，大家都可以知道，这一个宫，离那一个宫有多少远，当然也就没有法子合伙吃饭，只好各人吃各人的。在外边看，整个宫中是一家，其实有多少主人，就是多少家，宫里称呼妃嫔等等，都曰主儿，一个主儿一个宫，此宫离彼宫，最近者也有半里一里路，怎能吃到一起呢？在光绪年间，还有几十处，除光绪的后妃不算外，有同治的妃嫔，咸丰的妃嫔，道光的妃嫔，据说还有嘉庆的老妃嫔,共有多少处,只有总管太监知的清,其余的太监知道的就不多了。请问这些处所,每天应该剩下多少;而且宫中的盘碗,都比外边的较大。宫里人说,太监可以吃剩东西,可是有地位有势力的太监,谁也不吃这剩东西;有许多打杂做零碎事情的太监,又得不到,所以所剩的东西,就等于扔掉。据说从前都是抛弃,暗有售与民间小商者,亦是各宫有各宫的办法,不能一致。清道光帝见到阴沟中,扔的东西太多,所以特下了一道上谕,自此以后,才成立总出售之所,此事在民国出版的清朝宫史中,曾载过,但不详。卖与小商,小商人再加白菜、干粉、豆腐、猪血等等,合而熬之,担至街头出卖。我吃过两次,亦颇适口,实为穷人之绝好食品,而且极便宜,每碗不过大个钱两枚。以上所谈,不过只一部分,其余仍是扔掉,因为小商买者,只是总膳房所剩之物,若往各宫去取,则一天也走不过来也。尤其到热天,大多数都腐臭,不能吃了。在光绪年间,我与一位太监很熟,他送过我两瓶粉面,灰而带木红色,倘熬白菜，即用水把白菜煮熟，稍加盐，再把此面加入少许，口味即香而美，熬其他的菜亦然。我初不知为何物，后问他，他说他在御膳房当差，他把所有剩下来的各种肉菜等等，再加猪骨，加火熬之，俟熬干，各种肉质已烂，骨头已酥，晒干磨成面，即是此粉，我说这就无怪好吃了。这比目下之各种味精还好的多，且宫中所有的剩物，果能都照如此办理，也可以不算糟蹋东西了。

再谈到皇帝之苦，若说皇帝苦，许多人当然是不相信的，以为皇帝怎么还会苦呢？其实坏皇帝或不规矩的皇帝，是不会苦的，若好皇帝、规矩皇帝，则都相当的苦。因为历朝宫中的制度，都相当的严正，所谓冠冕堂皇。坏皇帝不管制度，他爱怎么办，他就怎么办，所以不拘不苦；好皇帝的行动，处处都要合规矩，自然就相当拘谨，相当苦了。其他的事情不必谈，只谈谈吃饭。皇帝吃饭，每顿是一百零八样菜，都是大盘大碗，就是用几个厨役分做，端上去，也得冷喽。他的办法，是有十几种现炒之菜，这当然是非现炒不可，其余所有的菜，都是预先做好，盛于黄砂碗之内盖好，然后都摆于一大铁板之上，板下有炭火，上边再盖一铁板，板上仍生炭火，如此则上下都是火，碗中永是沸度，永远噗哧噗哧冒泡。几时敬事房太监喊一声传膳，则立刻把铁板撤下，把各碗之菜，由黄砂碗倾入细磁碗中，倾的倾，擦的擦，不到几分钟便可端到桌上。其余也有许多菜，蒸于笼屉里边。再就是炒菜，则临时现炒。请问这样的菜，能够很好吃吗？这还不算，菜虽不一定好吃，倘若能有几个知心人同吃，一边吃一边谈天，也还有点趣味，而皇帝则总是一人独吃，要想找皇后，或得意的妃嫔，来陪他吃饭，那可就费大事了。先得传知总管太监，再传知敬事房，使该妃嫔预备，一切都预备好，且都登录册档后，该妃嫔方能前来。进门先得给皇帝叩三个头，系谢赐膳的性质；皇帝赏一杯酒，又得先叩一个头，方能饮；吃完饭又得叩头。请问这样麻烦，还有什么趣味？不但妃嫔陪着皇帝吃饭如此，就是皇帝陪着太后吃饭，也是如此。进门先叩头，才能入座。头一杯酒，也得叩头，所谓侍膳问安者是也。皇帝偶尔到各宫中，则该妃嫔都要在门外跪接。进宫后皇帝坐下，妃嫔又得先叩头参驾后，才能侍立谈话。到皇后宫中，皇后虽然不用在宫门外跪接，但亦须在屋外迎接。因为这种种的规矩，闹得皇帝当然没有什么乐趣。但这是在宫中的规矩，出了宫到了骊宫里头，就随便多了。因为骊宫即是行宫，一切礼节没那样严，皇帝吃饭时，可以随意找嫔妃等来陪着吃喝玩乐，都找来也可，所以各皇帝都愿住骊宫。

比方清初，康熙永远驻南苑，所以南苑有四处行宫。雍正为雍王时，康熙曾把圆明园赏他，他做了皇帝，大加修理，他就永驻圆明园。乾隆又增建了许多，以后一直到咸丰，各皇帝都驻圆明园。一年之中，可以在彼驻十个月以上，说是避暑，哪有十一月间，已经大冷，何至还避暑呢？其实就是为的他生活动作上方便。咸丰年间，圆明园及各园，都被英法联军焚毁，只好将就着在西苑所谓三海者住住，然也是骊宫性质，与宫中大不相同，也很随便，所以一住就是一年。光绪朝用海军衙门之款，重修了颐和园，于是西后就永驻颐和园了。皇帝驻什么地方，御膳房就得跟着前去，不过许多章程，就与宫中不同了。

西后乃破坏国法最厉害之一人，然御膳房的章程，她也没敢动，只是特另立了一个小厨房，专效法外边饭馆中的菜样，比御膳房的菜，吃着就顺口多了。她说她是俭省，其实御膳房之款，每日照旧支销，又特多了小厨房花费耳。

谈到御膳房中的厨子并不够高明这一层，大家听了，一定更要怀疑。其实这也有它的原因。中国之菜，大致可分两种：一是厨役所做饭馆之菜，二是太太或老妈所做家庭之菜。

这两种菜都好的省份，大致可说是广东，饭馆的菜与家庭菜，都有很好的。山东、河南等省，则厨役所做之菜都不错，但家庭菜则差。江苏、浙江等省，则家庭菜有真好的，而饭馆之菜，则多平平，所以上海繁荣了一百多年，没有出名的饭馆子，偶有亦是外省之厨役。此外有特殊原因之大城池，只有好饭馆子，如扬州因为盐商，开封因为河工等等，但这种地方不多。以上所说，都是大概的情形，自然也有例外。

河北省，则甚不讲究，不但没有好饭馆子，而家庭菜也没有出色的烹饪。北平所有饭馆，都是山东人；清宫所用之厨役，多是河北省人。闻乾隆下江南，带回过几位南方厨役，但亦未陆续再添，亦因宫中所食之原料，各省所进贡者都有，南方厨役乍来都不能烹饪。尤其是蒙古、新疆、西藏、东三省等处所贡者，南方厨役，不但未做过，且未听说过，一概不能做，他们所做的，只有原学的些菜，与御膳房旧人，都格格不入，所以未能继续下去。河北省烹饪法，固然不能说不好，但各菜之口味除原料滋味外，大致不多少了。例如汤之做法，大致总是鸡鸭汤加口蘑、料酒，按口蘑固然味极美，但每一种都用口蘑，那还有什么意思呢？北平北海仿膳斋之全席，每桌共一百零八样菜，约合价四百元（抗战以前），就完全是皇帝所食之原样，当然不能说不好吃，但各菜之味道，总差不了多少，诸君一尝，便知我这话，不是糟蹋御膳房了。

御膳房之厨役，另有一种本领，就是能在菜上做字，如"万寿无疆""天下太平"等等字样；这与西洋风气相同，不过彼书于点心上，中国则书于菜上耳。

北方汤菜之中，有一种酸辣汤。按酸辣汤，虽然是一种汤的专名，但汤中专尚酸辣者，则种类颇多，如川羊肉、川散带、川黄瓜、川鱼卷等，大致都是重用胡椒、芫荽、醋等。这些样汤，南方很少见。但据御膳房人云，因这样的菜，刺激性太大，不许预备。但皇上有时专要，亦可制办。

附录一：

自传
齐如山

友人要我写自传，我说我的生平并没有什么稀奇，写出来又有什么意思呢。但是他非要我写不可，迫不得已，现在只好写出它来。我想既已写了，要连我这些年的环境，及各该时代社会中的情形，也都附带着写出些来，大家或者看着有些趣味。因为那些年的情形，现在已经有许多人，不大明了了。写出来大家看看，也许反觉新鲜。

我生平的经历大致可分四个大节目：

一、读经书作八股时代；二、学洋文科学时代；

三、经商做买卖时代；四、研究戏剧时代。

一、读经书作八股时代

现在先说读经书的时代。我在三岁上便从先严在枕头上认字号。四岁上读《三字经》，兼念唐诗绝句，并认篆字，读《说文建首字读》。五岁以后读《四书》《诗经》《书经》《易经》《礼记》《孝经》《周礼》《左传》。到十七岁才读完《尔雅》《公羊传》《谷梁传》。

在这十几年之中，除读子、史、古文文选、唐诗外，又曾带学天文（也就是认识三垣二十八宿及诸位恒星而已）、算学、地理。算学则也学珠算，后学筹算（劳乃宣所著之《古筹算考释》），最后才学笔算。地理则不过《瀛寰志略》《海国图志》等书。至于读八股及试帖写小楷等，虽然不能说是白费了工夫，可是以后用处也就很小了。最有意思而不可不告大家知者，是在村塾读书的时间，十几个二十几个六七岁到十几岁小儿童，在一个屋内读书，大家掖开嗓子，一喊就是一天。曾记得《随园诗话》中，载有一诗曰："漆黑茅柴屋半间，猪窝牛圈浴锅连。牧童八九纵横坐，天地玄黄喊一年。"袁才子还批评，这首诗末句趣极。北方乡间小书房，十之三四，都是如此。我所入的村塾，比这个虽然好一点，但好不了多少。另有一种，较为高尚些的，记得《随园诗话》中，也有一首诗，其词曰："一阵乌鸦噪晚风，儿童齐逞好喉咙。赵钱孙李周吴郑，天地玄黄宇宙洪。三字经完翻鉴略，百家姓毕理神童。就中有个超群者，一日三行读大中（谓《大学》《中庸》）。"我在这种学塾里，停留了二年，也算受罪，也算有趣。在七岁时，我就在家塾里读书，读书之外，学对对联作诗，最初不过四句。九岁由先生给讲书，此名曰开讲。十四岁学作八股及试帖诗。十八岁去考秀才，这是从前国家对于学子考试的第一步，可是很受罪。最初由县里考，由知县官主持，此名曰县考，共考五场。考时按规矩都得穿官衣，可是谁都不穿；然官帽则非戴不可，没有官帽绝对进不去考场。但是在乡间，哪里找这许多官帽呢？于是就有人用旧式宽边毡帽，顶上糊一层红纸，作为缨子，也可以混得进去。至于考试应用的桌凳，也得自己预备，谁又能由乡下运去呢？都是由县城里头现借，借不到的，则小饭铺的油桌、厨房的案板、压棉花的架子等，都可将就着用。有的县中有预备现成的桌凳，但是很少数。每逢考试，闹的笑语百出。记得有关于此事之《竹枝词》，兹录如下："三年一考旧曾经，永远缨冠借不成。到时仍将毡帽替，糊层红纸替红缨。"（此咏考童生者）"国家考试太堂皇，多少书生坐大堂（考试多在县中大堂）。油板压车为试案，考终衣服亮光光。"（谓蹭得一身油也）诗句尚多，且多佳句，可惜不能全记了。

以上所说是县考。县考之后，就是府考。府考就好多了，因为皇帝派出考试的钦差。各省都是在各府城内分考，所以各府城内，都有考场。考场都是大敞一面，等于一个大敞篷，中间设有长条桌、长板凳。府考完竣，才是皇上派的官员考试。这种官员名曰学政，或学院，亦曰学差，官衔则曰钦命提督某省学政，比方河北省，则是钦命提督顺天等处学政某人。这种名曰院考。院考虽然与府考同一考场，但是可就严多了。应考之士子，都名曰考童，郑重的称呼是文童。凡考试都得预先求妥廪生作保。考试之日，半夜就得起来，到考场点名，点到自己，答应之后，随着就高声喊说，某人作保。廪生等都在学政点名桌后，出保之廪生，听到人喊自己作保，自己一看，即随声亦喊某人作保。倘该廪生看着不对，便不答声，则该士子必要放扣，因为他既不答声，则一定有冒名顶替等毛病。点了名，进场时，还得被搜，不许带夹带。事先做好的文章固不许带，而书籍如《四书》等，亦不许带。如在上身搜出《四书》，没收了之后，还可进场，若在下身搜出，则不但不许进场，还要有罪，因其侮辱圣贤也。进场之后，群排坐于大凳上，几几乎是不许动。每一排凳头上外边，有各县教官一人，坐于高凳上监视。如果考童彼此交谈，他便禁止。这还不要紧，最可笑的是，只准小便，不准大便；小便则每人座下有一小瓦盆，即尿在里边。如果非大便不可，则亦可出去，事前须先把自己之考卷，交于堂上，事完再取回来，仍可接着做，但在卷上印上黑色图章，俗名屎戳子。此卷乃另放一处，决不再评阅，是任你做多好，也断无进秀才之希望了。考时尚如此麻烦，倘取中进秀才之后，县中老师又多方剥削，钱给不够，他不给出结。若遇到寒苦人家进了秀才，他无法剥削，还容易办。遇到有功名的人家，如家有举人、进士等等，他不好意思，也不敢勒索，更容易办。倘遇到土财主，那就该他发财了，甚而至于作保的廪生，合伙敲竹杠。这种考试并不公道，因为从前各县管的地方不一样大，人口也不一样多，所以分大中小县三等。于是亦分大中小学，大县当然就是大学，然有时亦有例外。大学每县每次取中秀才二十一二人，中学十六七人，小学十三四人不等。但各县文风不一样，有的每县每次考试，有多至四五百人者，有的只有二三十人者。比方吾高阳县，乃是中县，而学则为大学，但是应考的人，总在四五百人之上，有时多至七八百人，而得中者不过二十一二人。有许多县，得中者十六七人，而应试者不过三四十人；更有山僻小县，则往往应考之人，不及应中之秀才人数多。曾记《两般秋雨盦随笔》中有一段记载：一位知县所用的马夫，忽来告假，问何事，答以去应考。该知县有记此事诗一首，中有"靴换鞋兮笔换鞭"之句，原诗记不清了。此并非新奇之事，乃恒有之事。以上所说，只是童生应考秀才，到进了秀才之后，每次考试童生之时，他们也还得被考，此名曰岁考。此种考，可以告病假或游学假，但最多可以告假两次，第三次则非考不可，否则便要革去秀才。此是从前防备读书人作反的意思，考的好，可以补廪生，原名廪膳生，行文亦曰食饩，是每年由国家给钱粮之意。但后来这笔款都归教官入了腰包，廪生们就得不着了。考的不好，也可以记过，甚至受刑，或革去秀才。所以秀才对于这种考试，也相当害怕，因为有许多人，进了秀才之后，他就不再用功，一年之中，不见得摩一回书本，一到考期，可就忙了，天天得温一温《四书》。所以李笠翁在他剧本里头，有四句诗，曰："学生本是秀才名，十个经书九个生，一纸考文传到学，满城尽是子曰声。"此虽是讥讽，亦系实情。以上乃前清学子初步考试之大概情形也。所以我考完县府考之后，到院考我就未曾与试。所以未考者，有三种原因：一因我届时适微病，进场恐怕受冷，又不许出恭。二因该科学政姓张，与先君有旧，倘我考中秀才，怕人说闲话。三因我已经说好了入同文馆，又何必与同乡争此一秀才？再说，倘进了秀才，三年还得回去考一次，而且同文馆的功课，与此风马牛不相及，所以决然未考。于是十九岁就入了同文馆，以后就是另一阶段了。

二、学洋文科学时代

未说我入同文馆之前，先说一说同文馆。同文馆乃前清同治元年，经曾纪泽等奏请设立者，附设于总理各国事务衙门之内。总理各国事务衙门，为后来外交部之前身。同文馆乃国家设立最早的一个学校，也是最富足的，并且是最腐败的一个学校。初立时，因为风气不开，找不到学生，只好由八旗学官去调学生，所以初期的学生大多数是旗人。到光绪初年，汉人入者渐多，然亦用不着考试，可以说是总理衙门及同文馆教习等子弟，只要愿入，即随时可以入。就是他人，只要托一托该衙门官员，亦极易入。到光绪二十一年，因想入者多，就非要考不可了。

入学之初半年，为试验之期，半年后考一次，最优者每月给薪水三两银子，平常者留级再试，最次者开除。一年以后再考，最优者每月给六两，到三四年后，每月可给八两、十二两、十五两。但十二两之阶级，为试验副教习。十五两之阶级，则纯为副教习了。每届三年，还有一次大考，最优者可得保举为部司务职。再过三年，最优者可保举部中主事。待学生之优，可以说是无以复加了吧。在学校管吃住之外，一切零用物件，如纸、煤、蜡烛，等等，无一不管。吃的是特别讲究，每六个人一桌，菜钱则是四两银子。彼时四两银子，几等于现在大洋四十元。随时可以吃饭，可以随便要菜，有客来亦同吃，可随便添菜，亦不要钱。此虽不奉明文，确系恒有之事。至功课一层，则分英、法、德、俄、日五国文字，兼有天文、算学、化学等科学，但是因为它是意在教育翻译人才，所以特重洋文。入学之初认定一种洋文即足，不必兼习它科；若十几岁之童子，则须兼学汉文，二三年后，学有根底，再挑一门科学，不必再多。最初二三年，只学翻译故事文字。以后则须读本国与该国所订条约全文，《万国公法》等等。于本衙门与该国公使会晤时，如无秘密事件，可能被派去旁听，以便练习耳音。原定章程，尚不算太坏，但因管理法完全官僚气，以致毫无成绩。在光绪初年以前，学过三年之后，能够看洋文书或洋文报的人，可以说是一个也没有。到光绪中叶，以风气渐开，想入者太多，不用功就站不住了，才稍有进步，但一直到光绪庚子关门停办，也没有出来一个人才。我十九岁入馆，当年补上三两银子，又过了一年半补上六两，此在当年已是很大的数字。

因为一个翰林进士，在中堂尚书家中教书，每月也不过八两银子。到庚子，共合五年的工夫，只学了一些德文，又兼学了一些法文，地理尚算不错，算术只学到代数，化学更稀松了。庚子联军入城，就做起买卖来了，同文馆也就永远停办了。

三、经商做买卖时代

我为什么做买卖呢？这也有一个原因。庚子拳匪之乱，遭难的良民不知有多少，舍下也在其中。先君因之灰心愤慨。拳匪乃一般无知之土匪，本不足畏，所可恨者，乃西太后欲借此谋害光绪，钦派王公大臣练拳，所以闹的拳匪比什么势力都大。京师各衙门官所，无不设有拳匪之坛，同文馆亦如此。结果因英法等国公使注意谋害光绪一事，未敢动手，但搅得北几省，烧杀抢掠，人民涂炭，死伤人数以百万计。南几省，幸有张之洞、刘坤一诸君之东南联盟，不奉中央乱命，东南十几省才得平安保住。否则中华之丧权辱国，恐怕更要严重若干倍。先君愤西太后之昏庸，满朝官员糊涂无能，于是命我弟兄，绝对不许再做清朝的官，可也不许与外国人当翻译。不许做清朝官，固因西太后，然亦有些远的原因。在明末时，先九世祖林玉公，名国琳，曾与王馀佑（通称五公山人）、颜习斋、李恕谷诸公，约同窦巳东（即戏中《连环套》之窦尔墩）、神枪韩五拐诸人，起兵抗清，曾收复大城等三县，后因清兵势大，知不能敌，遂解散隐遁。彼时未能如愿，然族中遗传的家教，总含带革命性质，所以家君有此严命。不许给外国人当翻译者，因自己耗费国家官款，学来的洋文，反与洋人指使，于良心上过不去。以上两件事不能做，何以谋生呢？思来想去，只好做买卖了。买卖的名字，曰义兴局。因为彼时北京所有买卖，完全被抢，无一幸免，外国兵盘踞，商人一时谁也不敢再开，所以我们买卖异常兴隆，得利很多。又因国中尚无学校，所以我们在局中设立了一个学校，功课不过洋文、汉文、算学、地理等课。学生共有三十余人，都是亲戚本家的子弟。我便除做生意外，兼当教习，成绩倒还不错。乱后，国家复立京师大学，如进士馆、译学馆、医学馆等等，我们校中的学生都考入了国立大学，自己的学校也就停办了。做了七八年买卖，虽然赚几个钱，那时我才三十二岁，自己一想，难道就如此做下去，事业毫无发展，学问毫无进步不成？恰巧彼时至友李石曾及家兄竺山，在法国组织的巴黎豆腐公司需用工人，他们给我拿旅费，我给他们带了一批工人去。本想在彼留学，入学未久，因家中有事，又赶回来。到宣统年间又去一次，又想留学，又有事故回来。但此次没有白去，彼时蔡子民先生及舍弟寿山在德，张静江、张溥泉诸兄在法，吴稚晖先生在英，都得晤面。且在公司中得见中山先生，尤为欣幸。我做买卖这一节，本是极微末之事，不值一说，但我们的买卖却给民国帮了很大的忙，这是值得一说的。当辛亥湖北革命一动，大有成功的可能，各省纷纷响应，北京也暗地里设了一个革命机关，就设在我们义兴局里头。当时与事者，人数颇多，李石曾为外面主持人，炸良弼的彭君（后葬于西直门外动物园），即由义兴局派出。当时的组织，是民军占领上海后，即可自制炸弹，制好运到北京，存于比国公使馆内，用着时，即由此馆取至义兴局。当炸弹初次运到北京，大家恐其不响，拟先试放，但北京绝对不可能，乃由义兴局派人送至南苑我家农庄上，因彼处人烟稀少也。试放之后居然炸力不小，这才敢用。当时袁世凯身为军机大臣，他的手腕是借民军声势，逼迫清官；仗清室地位，恫吓民军。跟他办交涉时，他特别说他是汉人，诸事都好办，但因一人作梗，致和局不能成功。革命军代表问其为谁，他则指是良弼，于是没出几日，即将良弼炸死。此一炸弹，功效极大，不但清室丧胆，因说炸谁，就炸谁，所以袁世凯也有些害怕，和议遂能速成。当时我们义兴局，所能容纳及庇护此机关者，实有三种原因：一因我们义兴局设在崇文门内镇江胡同，归内左一区管辖，在左一区管辖之内多住洋人，遇有地面交涉，当然都归左一区署办理，而彼时翻译人才尚少，小小一巡警区署，更请不到这种人员，遇有与洋人交涉之时，我们时常去帮他们忙，所以区署对义兴局有相当的面子。二因义兴局所交接之生意，尽系洋人，每日门口出入，亦以洋人为多，故区署不愿多加干涉。三因清室贵胄学校之教习，多为我们的朋友或先君的学生，这些人常常到义兴局来闲谈。当时巡警总厅厅丞为吴彭秋，与这群教习多系朋友，亦是先君门生，所以也往往来坐坐，吴君与袁世凯为世交，又与其子克定系至友，故偶亦与之同来。袁氏所以肯来者，乃欲借以联络及探听消息之故，盖彼时外表袁氏虽与民军两立，而亦时时想在暗中买好，俗谓蝙蝠者是也。自初设机关，至上海和约成功，共两三个月之久，我们义兴局除冒险外，还赔了饭钱等等一万余元。看以上种种情形，可以知道义兴局与革命及民国是有绝大的关系的。我做了十几年买卖，也算没有白做。知其详情者，如蔡子民、张静江、张溥泉、王励斋、汪精卫、褚民谊等等，都已作古。目下健在者只有李石曾，而吴稚晖先生亦能知其大概。因日前张其昀先生偶尔问及此事，也曾在《中国一周》杂志第二期中发表过一些，兹再补述如右，然仍是大概，因详述则占篇幅太多也。到民国成立我又往欧洲，遂将该买卖交亲友管理。到法国又因有事回国，原定即时回去，而第一次大战起来，遂未能如愿。在这个期间，因无事做，便研究起旧剧来了。

四、研究戏剧时代

我专心研究戏剧虽始自民国二年，但爱好戏剧则十来岁上便已开始。因为吾乡高阳一带，自前明以来，便有许多人能唱昆弋腔，后来越来越发达。发达的原因，是因为咸丰皇帝死后，所谓遏密八音，京师不许演戏，从前遏密，也不如是之严。此次因为南方正与洪秀全交战，北方也不靖，京中的人们都没有精神想看戏，再加上禁止不许唱，于是剧界人员，便无立足地，不能生活，就都跑到乡下去了。吾乡因爱好昆弋腔的人多，所以昆弋腔的好角，都跑到我们那边，于是高阳一带昆弋腔，便兴旺起来了。虽野老农夫也多能哼哼几出昆弋，读书人能者更多。先曾祖竹溪公（正训），为嘉庆进士，乃阮芸台（元）先生的门生，因此多与江浙人往还，偶谈到昆腔，故颇知其中意味；先祖叔才公，能唱昆弋百余出；先君禊亭公（令辰）乃光绪甲午进士，为翁同龢、潘祖荫诸公之门生，亦多与江浙人相熟，亦往往谈及昆腔，故亦能歌数十出。然只都是偶尔消遣，并未正式研究。对我们这小孩子，虽不禁止观剧，亦不提倡，所以我们这一辈就一句也不懂了。但因家藏元曲杂剧及传奇等颇多，故亦时常偷着看看；到了进京入了同文馆以后，于星期六、星期日，亦往往去看戏。按我本没有这许多钱，因同学中有一旗人文君质川，在都察院有差使，可以在戏园中要一张桌，不必花钱，只给看座人几个赏钱就够了，所以常请我们听戏；最初由他赏，后来这笔赏钱也归我们几个人分担，每人每次不过小铜板一枚，负担甚轻，所以常去观剧。又因我同学中有程遵尧兄弟三人，乃程长庚之亲孙，我常往他们家去。他们虽讳言为长庚之后，但他们的亲友，多是戏界中人，因之我也就认识了不少。以上乃是我与戏剧及剧界发生关系的两种原因。后因几次出国，在巴黎、柏林、伦敦等处，看过许多次戏，受了西洋的观感，对于中国旧戏，以为要不得。在民国二年，我写了一本书，名曰《说戏》，立论是完全反对旧戏。彼时汪大燮正掌教育部，特索去存部。那么我为什么又研究旧戏呢？因为常看戏，见到有许多票友，也都是熟人，他们的知识、聪明、歌喉，都比戏界人较高，且极肯用心，而在台上之动作等等，则远不及科班出身的人顺眼美观，由此便想来考查考查它。及至一研究，则感到它有些道理。后来越研究越有趣时，才知它处处都有来历、有道理。不过这种研究，可真是难上加难。为什么呢？因为以前没有一本书可供参考，只可问戏界的老角名宿，但是一问必说不上来，因为他们只知其然，不知其所以然。然而除了问他们之外，还是没有一人可问。以后因问的人多，算是得了点线索，于是逢人便问。我认识戏剧界有三四千人，问了整四十年，才算得着它的原理，可以用两句话断定之，就是：无声不歌，无动不舞。但以上说的是有规矩的老角色，若后来的青年角色，有些胡来的地方，那得算是例外，因为他不在规矩之内也。我为什么说研究这件事情，是难上加难呢？因为问了大家之后，自己须把所有听来的话，要一段一段的研究研究，研究之后再归纳，归纳之后再断定，断定之后再与各名角共同商量审查其是否还有疑义，一步一步的都整理好。决定之后，还要找些旧书来做个证明，否则一般学者说你无中生有、迹近武断，所以又非多看书不可。"十三经"外，以"二十四史"中《乐志》等部分，及《文选》中的各辞赋为最重要。历朝名人的笔记，也非看不可。以上只说的是整个戏剧的来源，若研究它各种姿式及歌唱、音乐等等的来源，却又是考古学，不止历史了，连关于四裔的记载，如《风土志》等书都得看看的，以上是关于旧学问的。而西洋科学的知识也得有一些，否则没法子整理，因为纯用旧的方法写出来，是不容易明了的。请想一想，这样艰难的工作，只一个不学无术的我，哪能够胜任呢？可是学界中人，不但新学者鄙视国剧，而旧学者也以为它是小道，不足登大雅之堂，所以这些年，没有一个跟我合作的。但是我不管事业的艰难，更不顾自己的愚陋，埋头干了这些年，才算得着了一点线头。以后仍希望大家努力，一定还有好的、重要的发现及收获。现在把我这些年写的书录在下边。

《说戏》《观剧建言》《中国剧之组织》《戏剧角色名词考》《京剧之变迁》《脸谱》《脸谱图解》《国剧身段谱》《戏班》《上下场》《行头盔头》《国剧简要图案》《国剧浅释》(附英文)《梅兰芳艺术一斑》《梅兰芳游美记》《故都市乐图考》(以上已出版)

《戏馆子》《歌场趣谈》《戏词谚语录》《戏中之建筑物》《舞谱》《戏学獭祭编》《戏剧音乐图案说明》《扮相谱》《戏班题名录》(自同治二年到民国十七年)《清宫剧本之研究》《戏台楹联汇纂》《剧话》《皮簧音韵》《家藏戏剧版本考》《家藏小说版本考》《戏界文献录》《杂剧传奇剧情意义之分析》

《小说钩沉》《故都百戏图考》(以上未出版,中有十种已交南京教育部)

《烹饪述要》《三百六十行》《北京零食》《谚语录》《故都琐述》《北平土话》(以上非关戏剧者,亦未出版,附于此)

再说一说我的编戏。我编戏约分三个阶段:最初是因为看了外国的戏,回来想着仿造仿造,试一试。彼时在巴黎,神话戏正在流行,人家编的排的,都很干净优美高尚,回看我国就没有神话戏,有之亦不过妖魔鬼怪,所以想编几出神话戏。但戏界人知识太浅,编出来怕他们不肯排演,因先编了一出《牢狱鸳鸯》,完全旧戏,使梅兰芳演之,一唱而红,且极叫座,不但引起梅兰芳的兴趣,连我自己的兴趣也浓厚多了。于是接着编了《嫦娥奔月》《上元夫人》《天女散花》等戏。又因中国现在戏台上没有言情的戏,有之则龌龊不堪,所以编了几出如《黛玉葬花》《晴雯撕扇》,慢慢地就到了第二个阶段。这个阶段的宗旨极简单,就是为梅兰芳挣几个钱，他见我编的戏都能叫座，所以极力求我编，以便到上海演唱，所以又编了几出如《木兰从军》《春灯谜》《一缕麻》等热闹戏。第三阶段是想把梅兰芳提倡扶助到国外去一演，借以发扬国剧，所以对于歌舞剧之编排，特别注重。我所以提倡梅到外国去者，其原因有二：一因自研究认识国剧后，知道它有悠久的历史，古老的来历，优美的规矩，高尚的组织，应该发扬光大，使世界人认识认识，一定可以在世界戏剧场中，占一优越的地位。欲达此目的，专靠我们外行人不成，必须在戏界选一较十全的人才，方能胜任。二因梅兰芳虽不能说是十全的人才，但在戏界平均分数，是最优美的。这话一说，或者还有人不以为然，但这是有证据的，并不是瞎说。戏界老辈常说，演戏的人员必须有六个优点：第一点须嗓音好。第二点须会唱，有的人嗓音好不会唱，有的人会唱而嗓音不好，或哑。第三点面貌须美（生净旦丑各有其美）。第四点须会表情。面貌好不会表情，乃是死脸，没神气，没精神；若只会表情，而面貌不好，则你越表情，台下越讨厌。第五点，身材须美（生旦净丑各有其美）。第六点，须会做身段（即是舞）。身材好，不会动作则显呆板；只会动作而身材不好，则其动作不易好看。这六个优点平均的分数，几十年来，以梅兰芳为最多。从前的老角不必说，现在的名角也不必论，只以几十年来，大家最恭维的谭鑫培、杨小楼二人来说，都是绝顶聪明的好角，是不能否认。但是谭鑫培没有红生戏，没有王帽戏，连《武昭关》这路悲壮苍凉的戏，他都不能唱。这些戏，他并非不会，但非其所长。按红生、王帽两种戏，为老生之正工戏，他不能擅长，便是一大缺点。杨小楼一生不会唱慢板，歌唱不呼弦，又因其身材高，靠背戏都好看，短打的戏则非其所长，这几种也是他很大的缺点。因为这个缘故，所以我决意提掖扶助梅兰芳出国演技。于是除了给他编戏之外，还给他安插摆设，创造舞式，后来居然能出国四次，我总算没有白费了力气。兹把我所编及所改的戏录在后边。

　　《牢狱鸳鸯》《嫦娥奔月》《黛玉葬花》《天女散

花》《晴雯撕扇》《洛神》《廉锦枫》《俊袭人》《一缕麻》《西施》《太真外传》《红线盗盒》《霸王别姬》《生死恨》《木兰从军》《凤还巢》《童女斩蛇》《桃花扇》《麻姑献寿》《上元夫人》《空谷香》《春灯谜》《缇萦救父》（以上已演出）

《新请医》《新顶砖》《珍珠塔》《团花凤》《双珠记》《群美集艳》（以上乃自编之戏，未演出）

《三娘教子》《春秋配》《宇宙锋》《游龙戏凤》《天河配》《窃符救赵》《二度梅》（以上乃改编之戏）

综观以上的情形，自幼至老，也算用过些心思，可是一面用心学，一面跟着就忘掉。回想幼时，在乡间读书，由清晨六点钟起床，到夜间十点钟才睡。除了吃三顿饭之外，是整天喊念写作，真是韩退之说焚膏油以继晷，恒兀兀以穷年。到了一学洋文，把从前所学的差不多都扔掉了。以后又做买卖，按我能够做生意者是全靠洋文，照这情形说，洋文是不会忘掉的吧，可是做生意，每天所说的话，无非是商业中几个字，以前所学的文学政治、各种语词，因为用不着，也就都忘掉了。到了一研究戏，由民国三年到现在，可以说是没有说过外国话，于是把洋文忘了个干干净净。按说这几十年，一直都是研究戏，那么这个时期所研究的，不至于又忘了吧，可是不然。从前听到诸位老角所说有道理的话还多得很，后来虽然写出来了若干，但没写出来的，还不少；已经写出来的，或者不至丢掉，没写出来的，已经忘的很多了。回想几十年来，每逢听戏，必到后台，抓住人就问，亦恒到各角家中，做长时间谈话；问得的材料竟又丢掉，这也算是白费了工夫。我常想，我现在可以说是返老还童，这话怎么讲呢？从前四五岁之前，什么也没学，脑子乃是空空洞洞的，到现在，脑子里头一点学问也没有存留住，仍是空空洞洞的，岂非返老还童吗？

（原文载于《齐如山随笔》，辽宁教育出版社 2007 年 2 月第 1 版）

附录二：

我的外公齐如山
贺宝善

　　《大成》杂志，每期我必读，近几年来有几篇关于我外公齐如山先生的文章。同时陈纪滢老伯曾写过《齐如老与梅兰芳》一书。前两年去台北时，曾拜访过台静农教授，并承赐以墨宝，台教授提起我外公在去世的当天早上仍写了一封信，只完成了一半，这是他老人家最后的写作，就是写给台教授的，言下唏嘘不止。我听了这话，心中不知是何滋味，回想自幼外公非常疼我，他的朋友们至今这么怀念他，而我竟一点表示也没有。外公是位戏剧大家，他辞世后，在台北曾出版过《齐如山全集》(联经再版)。听说北京方面，最近也在整理外公的著作，并称他是"戏剧权威"。他的著述，在此不必多提。我只想拣一些平时外公在家中的琐事，可能连他的朋友们都不清楚的，拉杂的写一点出来，以志纪念。

生我者父母，养育我者，我的外公、外婆。我在外公家前后住了十二年。由北京的孔德小学五年级开始，后转贝满女中，以至在燕京大学毕业。多年来外公、外婆对我的辛勤教诲，永世不忘。

外公一生身体健康，饮食简单，衣着朴素，风趣健谈，交游满天下。五十多年来，研究并发扬国剧。1962年3月18日，他那时已八六高龄，但对提携国剧后进，仍不遗余力，每周末必去观看他们演出，而国剧界也对我外公十分崇敬，见面都称呼一声"齐公公"。在剧场第一排左边头一个座位，永远是留给"齐公公"的。逝世的那天是个星期天早上，他忽然心血来潮，叫齐了所有在台北的家属陪他去听戏，在演出一半时，忽然手杖落地，人接着倒下去，心脏停止跳动，就此与世长辞，一点痛苦也没有。外公对国剧算得是"鞠躬尽瘁"了吧，这个异数，不可不提一下。

外公的著述，我在欧、美等大学图书馆中，均曾见过。据我三舅齐熙博士讲，根据外公的著作而得到博士学位的外国学者已有二十几位。这些年来，我三舅继承遗志，每年在外公生日时，均在台北颁发最佳国剧演员奖，以资鼓励，希望提高他们的质素。现今国剧团体经常由北京及台北到世界各地演出，各地侨领也纷组票房演出，继续发扬国粹，外公泉下有知，一定是十分欣慰的。

在我九岁时，我家原住在山东省济南市，先父贺益兴从事农业改良工作。由日本早稻田大学学回的科技，很想把以农立国的中国，由贫苦的情况下改善起来，故终日奔奔波波，十分忙碌。一九三七年七月，先父适又去青岛开会，我先母觉得我已放暑假，应去北京跟着老人家学些古文，正巧我八姨齐景，由德国留学归国不久，正在南京外交部任职，夏天预备北返探亲。济南正值津浦路上，先母事先未经与先父商量，就托我八姨把我带到了北京的外婆家。岂知刚到了三天，卢沟桥事变发生，从此被留在北京，由外公、外婆抚养成人。我自小体弱多病，老人家的心血实在用了不少啊！

我的外公三兄弟，从未分过家，大外公齐竺山老先生，人称齐大爷，三外公齐寿山老先生，人称齐三爷。每天吃完晚饭，尤其在天气暖和的时候，三位老人家多数是在院中散散步，聊聊天。上天下地，无所不谈，真是其乐融融。我的姨们及舅舅们，都是大排行，像我母亲齐长是二房中的长女，但人称"三姐"。我的最小的姨齐同是长房，排行第十六，年纪虽然比我轻，但我得称她一声"同姨"。

我由济南的小家庭，忽然到了外婆家的大家庭，生活真是不一样，每天裱褙胡同外婆家都是人来人往，好像过年一样，热闹极了。由于打仗关系，前后又来了表舅、表姨、表哥、表姐等，连同姨们及舅舅们，每天开饭总有二三十口子。外公三兄弟因多年在欧洲居住，对营养十分注意。我记得每次吃饭时，我总要望一望墙上挂的一大张食物与维他命分配图,知道胡萝卜对眼睛好。外公常说:"咱们家吃的可是不讲究,这么多人,每天每人也分不了多少肉,但身体倒都算健康。"甚么缘故呢?多吃蔬菜、杂粮之故。冬天厨子总是买一大堆肉骨头回来熬汤,再放些白菜、粉丝或海带等,汤都熬成奶白色,想来钙质不少罢。

外公家五个大院子都种了多种果子树,记得有柿子、杏儿、葡萄及核桃(果实外皮是青绿色,可做染料)等。花儿就更多了,白色紫色丁香树有四大棵,还有海棠、藤萝、榆叶梅、迎春及牡丹等。但自抗战后,改种了丝瓜、豆角之类,又养鸡生蛋,增加不少营养。外公常说,如国民个个身体好,中国人可就不必被称为"东亚病夫"了。

外公家的那棵大杏儿树,果实又多又甜,每逢结果时,外公总是细心挑选一枝姿态美妙,连枝叶带杏儿又仅仅熟而黄中带些红色的,折下来,叫我表哥李家栋送去,给好友齐白石老先生欣赏(藤萝花开时也要送些去,给白石老人写生)。白石老人题画时常常用"杏子隝老农"的。行前还得嘱咐,"千万要收条儿呀"!因外公知道白石老人的画不易得,字也是有价值的。有一年又是表哥去送"杏儿枝"去,到了跨车胡同,看门的老太监先不肯开门,一直得听说是"裱褙胡同齐二爷叫送来的",这才肯开门,因求画的太多。那回老人一时高兴,立刻画了一张画送给表哥,他当然珍重保存,可惜"文革"时流失,真是可惜。白石老人虽是大画家,但为人十分勤俭,身上总是带着一大串钥匙,怕家人乱用钱,但自己又不懂得计算。有一次我外公见他把一块极贵重的衣料剪了做围裙,围上好画画儿,以免弄脏了衣服。我外公说:"为什么用这么好的料子做围裙呀?真太可惜了!"白石老人知道外公值得交朋友,从此常常请教外公如何投资,外公也时时替他出主意。外公很有商业头脑,又喜欢帮助人。

外公可以专门从事研究国剧,实因家有实业做背景,可以安心做自己喜欢做的事。同时又有位贤内助,家无后顾之忧。我外婆齐韩世喆夫人,河北霸县人,生就国字脸,仪表端庄,从未听说大声儿和谁说句话。大家庭不易相处，但外婆在三妯娌中，处处都为大家着想，真可以称为"温良恭俭让"而无愧。外公家的实业，也很能给现代人一些启示。这些实业主要是以粮米为主，如大和恒面粉公司，粮米多由那边运来加工，南苑（北京郊外）又有多亩果子园等。外公总说："咱们做生意，可得顾及升斗小民。"抗战末期时粮食奇缺，很多奸商均把粮食内加些废料，以求赚钱，但大和恒的"棒子面"，可是特别香甜，连拉洋车的都知道，"棒子面儿非去大和恒买不成"。每天一大早就得排队，很快即卖光了。这种棒子面（即玉米面）是玉米再加上一些黄豆粉，磨得特别细，过箩也过多几次。还有一种小米面（杂粮的一种），也是货好而又磨得细，这样蒸出来的"窝窝头"特别香，在普罗大众间是极受欢迎的。记得当时的社会局长温崇信还特别表扬过呢。当时这些"棒子面"真是赔钱的，说起来大家可能不相信，但赚钱当然要赚的，是由别的生意上赚来，不能赚升斗小民的钱。这些生意，虽由韩、张二位掌柜的（即经理）主理，但我大外公竺山先生每天都得去看看，总是走着去，走着回来，从不坐车，身体锻炼的极好。大外公曾于第一次欧战时在巴黎和李石曾先生办过豆腐公司，因李石曾先生一生主张素食，那时已知道植物蛋白质的重要，大外公和外公也因此在巴黎得以认识了国父孙中山先生，国父知道外公兄弟们为成立民国，暗地里出过不少力，甚为嘉许，并请外公兄弟们回国出任高官，但外公等为了遵守老外公的遗训，都谢绝了，仍是做粮米生意。胜利后又成立了肠衣公司（即是做外国肠子的外衣），是出口生意。外公说："外国科技高，都是到中国来，用中国的原料及廉价人工，做成成品，再销回中国，来赚我们的钱，咱们的肠衣，他们吃了肠子后，连肠衣也一齐吃了，不会回来赚我们的了。"外公说话总是那么幽默。大外公很喜欢我们小孩子们，曾教过我们《说文解字》，讲解的清楚极了，又有耐心。

外公家很注意锻炼身体，嫌大家不够运动，买了几个"杠子"，叫大家下了学要举杠子，大人也都要练，总是在天未黑时，就差人各房去叫，我们正做着功课,也得出来练,可惜大家多是虎头蛇尾,三分钟热气,一个个的慢慢就懒散下来,最后只剩我三外婆(齐寿山夫人)一个人每天勤练,一日不辍,怪不得活了九十多岁那么长寿呢!冬天冻冰时,让我们孩子们学溜冰,先是把东院那棵核桃树的四周,画出一个四方圈儿,用点泥土围起来,每天晚上把水泼上去,第二天即光滑如镜,我们不会溜冰的,先用椅子推着在冰上学走,外公们也都打"出溜儿",即是老远的跑几步,等到了冰上即把两腿一并,很轻松的滑过去了,是北方乡间的一种运动。我们也跟着"滑出溜儿",但总是得栽在冰上,但因地方不大,没有危险。后来每天晚上"泼冰",就变成我们这群孩子的事了。等对冰有些认识后,才允许我们在周末背着溜冰鞋去北海公园溜冰场去玩儿呢。记得每年夏天总要"秤人",这大概也是北方乡间的一种习俗,就是由两个年青力壮的人(多半是厨子和看门的),用秤杆抬着一个藤椅子,每个人坐上去量量体重,都有记录,每年一次。其实那时候已经有量体重机卖了,不过是外公家中总想保留一些中国古老的风俗而已。外公家对家人的营养和运动，倒和现代人们流行的健康舞及健康食物颇为相似呢。

抗战初起，日方想请外公出来做事，外公不肯做汉奸，东藏西躲，消息越来越紧，只好避到东交民巷的法国医院暂住，等消息好点后，再半夜搬回家。医院的伙食对一位健康的人来说，乏味可知，因此常常得去送饭。周末多数由我负责，吃饭时与外公交换，我吃医院的西餐，多半是土豆泥、菠菜泥、猪排之类，外公喜欢看我吃的津津有味，并嘱咐我洗个热水澡再回去，至今觉得那里的大毛巾好白好干净呀。

外公常说："人家做媳妇儿的不出闺门，我这大男人也八年未出过门。"说来真不简单，外公是个爱热闹、爱活动的人，为了不做汉奸，只好在家呆着，每天写作。胜利后，各大小报刊均来争取外公的著作发表，外公想让我们孩子们赚点外快，二来也学着分标点符号，故把《北京的小吃》《北京的三百六十行》等多本书分批叫我们抄写。外公写作从不分句的，还得嘱咐我们说:"如果是对话,就另起一行,可以多赚些抄稿费呀。"因此我们也学了不少东西,抄稿时顺便就等于把书看过了。外公写作多数都用河北家乡话,看他的著作,就好像听他老人家说话一样,有种亲切感。他和我们说胡适博士常常鼓励他多写,特别用口语来写,想起甚么就写甚么,胡博士说假如不写,以后很多东西就要失传了,真是语重心长。

  外公家藏书甚多,多数是线装书如二十四史等,还有很多小说、笔记等,外公书斋取名"百舍斋"。由生意上赚来的钱,家人仍是省吃俭用,多数买了绝版的书,如元朝、明朝的都有。记得每年春天大扫除的时候,东院北屋客厅内的书都得拿来吹吹,然后再换新书签。外公自己的著作,书签分红色、蓝色及黄色不等。不同颜色代表不同的资料,因外公对多方面的事情都感兴趣,想起甚么来,立刻做笔记,这也是很科学的办法。写书签多数由我和我二表哥李家梁负责,另有人负责把新的书签放回原书,不能混乱。那张北京地毯,又大又重,得几个人抬出来,用竹拍子拍去灰尘,那时候又没有吸尘机。这么多书,总得大家忙一整天。书房内还有不少名画扇面等,记得有一本册页是白石老人的草虫,细致极了,想系盛年之作。外公收藏的书画,多数有上款,想都是好朋友所赠的,像陈师曾、陈半丁的作品都不少,还有一些名家的合作画,其中也有梅兰芳先生的作品。

　　外公有睡午觉的习惯,尤其是大热天,我总是一个人在东院客厅内等着,远远儿的听到南屋外公睡房的竹门帘子响了,准是午睡醒了,就赶快去打洗脸水,洗完了脸总爱吃一些水果,如甜瓜等。因为疼我,就留一半给我吃。但如我犯了错,那罚起来也很厉害,方法就是不理我。记得有一次连着几个月也不理我,好像没有我这个人存在一样,这比罚、比打还难受,至今记得清楚。外公十分疼爱小辈,希望每人能学一种乐器。我学钢琴,启蒙老师是我十姨齐缀,她是北平女子文理学院音乐系毕业的,对我管教甚严。我十姨夫杨树棠博士是少数的中国钢铁专家。早年留学德国,在辽宁鞍山钢铁厂任总工程师多年,记得一九五几年间，苏联方面派了些专家来鞍钢参观，这些专家们还给提了不少意见，反正是看不起中国的工业。但经我十姨夫根据中国的炼钢原料，厂中的技术及设备等，一一加以反驳，结果大家反都觉得比他们苏联专家们高明多了，可见中国是的确有人才的。我和十姨当年同住一屋，在西院北屋。北方四合院房子多数是一顺儿二间或三间，钢琴就放在外间书房，我练琴时候一弹错了，十姨随时就给我改正，故进步较一般为快。外公常常进来听我练琴，有时散步经过，就隔着窗户听，还常常哼哼主题呢！

外公又鼓励我十四姨齐辛学画，并替她请了三位国画老师，山水是溥佺（松窗）老师，花鸟是颜伯龙老师，人物是管平湖老师。我常常等十四姨去学画时，也跟着去玩儿，有时我写了大楷也拿去请管老师改，我十余岁时已可写很大的字了，因五六岁时已由先父把着手教。外公写作总是用毛笔，字又细又小，字体优美。外公平时也练字，有时把腿放在凳子上，再把右手放在腿上，练习悬腕，所以字是有功力的。在台北时，已八十多岁了，仍能不戴眼镜写小楷呢。我十四姨学了不少年的画，后来在中山公园水榭开过画展，很成功，我们也都跟着去帮忙。外公那时虽然不能出门，亲自去看看，但是每天都问画展的情形。后来向我十四姨求画、求扇面的朋友很多，外公自然十分高兴。

外公在众子女中最疼爱先母齐长，因她自幼聪明伶俐，相貌娟好。她读的是孔德中学，在北京东华门大街，外公家的舅舅及姨们，除了去德国、法国留学的外，都在孔德学校读过书，是为纪念法国大哲学家孔德而命名的，是中法大学的附属中学，当时办的很好，小学五年级开始学法文，我是第一个第二代的学生，当时校长知道我要转去贝满女中就读时，还特别挽留我呢，但外公和十姨都觉得我应学些英文，才决定转学的。当时在孔德就读时，老师们不少是先母或姨、舅们的同学，故此对我另眼看待，爱护备至。当时在孔德读过书的除了齐家的一大群子弟外，有马衡老先生（故宫博物院院长）的子侄们，如马珏（北京大学有名的校花)、马琰、马理等。沈尹默、沈兼士教授家的子侄们有沈令扬、沈兑等。钱玄同教授家的钱三强及周树人(鲁迅)、周作人、周建人的子侄们如周丰一、周菊子等。他们有不少和齐家的姨、舅们同学，也常来外公家玩，且很多时就在外公家热闹的气氛下用饭。外公家很多地方仍保留着保定府高阳县一带的习俗，如吃饭时用小矮桌、小板凳。不用时就竖起来，靠在走廊下。很多在都市生长的少爷、小姐们从未见过，觉得好玩，人多吃起饭来又特别香，至今很多人仍津津乐道。天热时则多数在院子内大树下吃饭，非常有趣。先母读到孔德最后一年时，班上只剩她一人就读，学校觉得为一人特开一班，甚为浪费，建议送她去巴黎就读，她胆子小，就转去艺专学画，也曾和徐悲鸿先生学过画。后来就与先父结婚了。

我们贺家是湖南长沙人，先高祖长龄公，曾中恩科状元，做过云贵总督，与曾国藩结亲家。曾文正公长子曾纪泽，曾出使英国有年，他元配即是长龄公的女儿。至先祖父因去世早，先祖母只得带着二女一子前来北京投奔在北京九门提督的舅爷，从此就在北京定居了。先父是经先姑丈黄子美的介绍，先交朋友，等双方认识清楚后，才与我母结为连理，在当时也算相当新式的了。我先姑父是我表姐黄宣、表哥黄燕、黄宛及黄昆的父亲。黄宣、黄燕均是学经济的，黄宛则是我国有名的心脏科专家，多年来在北京为政要们看病，现在更加努力训练年青的医科接班人。黄昆于抗战时在西南联大学物理，与后来得诺贝尔奖的李政道、杨振宁博士是好朋友，人称"三杰"，后来黄昆去英国留学，返国后一直在北京大学教书，培养国内的核子物理人才。

　　我父经外公的薰陶，也喜爱国剧，梅兰芳剧团时常往上海等地演唱，经过济南时，也曾演出过，自是轰动一时。记得外公曾陪梅先生来过舍下小坐，当时左邻右里惊喜了好一阵子呢！我们在家中常常放留声机，听京戏唱片，因为外公和我提过，有一张唱片，梅先生录的，是由外公介绍的，即是"百代公司特请梅兰芳先生唱……"。我总是特别注意听外公在话匣子里的声音,可惜那时唱片不多,我只记得有张《贩马记》的唱片,因为是吹腔,当时听不懂,每次想听时,只要说一声想听那张爱哭的就知是想听《贩马记》了。外公说过,当初梅先生灌唱片时,往往为了一点儿瑕疵,外公主张重新再灌,但梅先生左右的人就说:"梅老板唱,还用第二遍吗!"外公的看法和他们不一样,就劝说你梅老板名气大是一回事,但唱片是要留传后世的,要有多少人听呀,怎么能留下一点儿错呢。而梅先生也从善如流,总得完全满意了才算,外公多年来对梅先生的关怀是由此可知的了。先父当时在济南也曾加入过票房,公余后勤于练习,学唱老生,可惜五音不全,唱不出味儿来。等七七事变后,先父爱国,即带家小返回大后方,曾屡次托人想把我接回去,怕外公、外婆受累,但因我年幼,无人肯负这个责任,不想胜利未果,先父竟而长逝,回想起来,不胜悲痛。

每年放暑假时,我三外公齐寿山先生(曾留学德国,在教育部和鲁迅同过事),总是教我们念古文、唐诗、《诗经》《论语》等。每天先把要学的用毛笔抄好,第二天早晨上新书，讲过后，第二天要回背回讲，我们由此在中文方面打下了些基础。就连听戏也当功课一样来研究，小时常随大人们去听堂会，也都不甚记得了，等到十来岁时，如富连成（都是科班里的孩子们演出）有好戏，意思是有教育性意义的，又在白天演，那么我们孩子们就有戏听了。未去之前，先把故事讲给我们听，当时没有字幕，这样去听时，了解的可以强些。外公家有本《戏典》，我们常常在听广播时，大家围在一齐，一边听戏，一边看《戏典》，所以戏词儿，大家都能背出不少。记得有一次我上国文作文课时，在高中老师们都鼓励我们用文言文写，得分也较高。有一回题目好像是"中秋"，我一时高兴，把《霸王别姬》的戏词儿也搬到作文内了，即"云敛晴空，冰轮乍涌"，老师一时不察，还给我划双圈儿呢，想想真是可笑。说起《戏典》，至今十分怀念这本书，连最近我十六姨齐同还在问我何处可以买到呢？说起我十六姨，我们三人（十五姨齐炎，十六姨和我）小时，总是一齐上学，起先有包月车送我们上学，后来大了，就一人一辆自行车儿骑着上学。我同姨十分精明能干，现是农业专家李崇道之夫人，李博士在台湾主持农复会有年，对台湾的农产改进，贡献甚大，台湾能有今天的经济硕果，农复会着实出了不少力呢。李博士后又做过台中大学校长，造育英才，他的令弟即是物理学家李政道，一门数杰，令人称羡。话说远了，我外公常说："像北方乡间，识字的人不多，但他们多数知道些忠孝仁义的故事，并以此为做人之本，这些多半是由野台子戏上听来的。"故此国剧对全民教育方面肯定起了一定的作用。

外公的革命思想，是由外公的父亲——我的老外公令辰公处传下来的。令辰公是前清翰林，天文、数学都很好，在朝中主张维新，学科学，废八股。谁知为此反遭家变。那时老外公在京，家人仍住在保定府高阳县，当时错传老外公通敌，家人数位竟遭毒手，凄惨之极。从此老外公不许我外公三兄弟再考取功名，不得为满清当官。老外公学问好，又注重子女的教育，曾编了《新三字经》，是为了孩子们易于熟记中国历史,甚有价值,又易上口。我们小时都念过。一开头是:"凡训蒙,先说史,记年代,有条理。"结尾是:"兴童蒙,讲地球,五大洋,六大洲,既知古,又知今,脑智开,黄种存。"这样孩子们对中国历史的前后次序,容易了解。还有一种易记中国朝代的办法,外公也教过我们,我也在学校中常常教同学们背熟,则中国前后朝代就不会记混了,我在这里写出来,看看是不是较易记,即"唐、虞、夏、商、周。秦、汉、三国、晋。宋、齐、梁、陈、隋、唐。后五代。宋、元、明、清"。外公晚年曾亲自把老外公编的《新三字经》工楷录出影印,我也分到了几册,并嘱我教我的孩子们念。外公因家中不许习八股,只得考取同文馆,三兄弟一齐读洋文。外公常说:"我们那时念书可比你们阔气,每顿饭八菜一汤,不好吃还可以换。"因为当时学洋文的人少。后来八国联军攻打北京时,外公三兄弟因学过德文,又做的是粮米生意,认识了不少德国军官,时常谈起中国应振兴工业,提倡科学等。有一位佛将军说:"你们如愿意送子弟们去德国念书,我家女儿正好做他们的监护人。"就这样,我的三位舅父、两位姨母及表舅等就都去了德国念书。佛夫人是贵族出身,家教甚严,对我的舅舅和姨们,视如己出。舅舅及姨们也对她十分敬爱。佛夫人年老时,家居东德,齐家的亲戚们,每到德国,必去探望她老人家,连后一辈的,如我的表弟李臻强,在瑞士读书时,还特地去探望过呢。所以说人类建立友谊,应是不分国籍的,如大家都能和平相处,该是多么好呢!

为了推翻慈禧,外公三兄弟很出了些力,就拿汪精卫炸摄政王一事,可知一二。炸弹先要试爆,于是先拿到外公家的南苑农场去试,地方空旷,不会有人听见。行事之前,炸弹先存放在外公家东院的小西屋内床底下。最后安放在摄政王每天上朝必经的桥底下。谁知行事那天摄政王的座驾车行到桥边,马儿怎么也不肯走,因此未能成功。我和外子婚后回到北京探亲时就住在这间房内,先母又把此事提过一次,我们觉得自己曾在有历史性的房中住过是很可纪念的。我外公要推翻满清,只为慈禧专政,丧权辱国,并不是针对个人的。像我妹妹贺湘善，她即和宣统溥仪的外甥万迪基结了婚，万迪基是位出色的电影工作者，能编，能导，并得过中国影片第一届的纪录片金鸡奖。他的二舅溥杰老先生是位画家，也曾屡赐墨宝。最近（即1987年。编者注）溥杰夫人嵯峨浩（爱新觉罗·浩）因肾病在北京逝世，她是日本公主，比现在的天皇还长一辈呢，这次出殡日本皇族来吊唁的很多，话扯远了，但我想外公如在世，也会赞成这类婚姻的。

外公年幼时，曾由老外公带着上过一次朝，天未亮就得去，冬天又冷，下雪时又阴又湿，真不好受。因有此一经验，对太监们也有了些认识。外公欢喜交朋友，曾在宫中任过事的太监，倒也认识了几位，由此知道了不少宫中的情形，及宫中演戏的情形，他都完全记录下来。后来宣统出了宫，很多有价值的文件都给太监们卖的卖、烧的烧。有的太监因与外公相熟，事先来通知，外公就去买了几批，如升平署的戏单等，后均陈列在外公私人成立的国剧学会及国剧陈列馆了。外公说过有位太监曾送给他一小瓶粉末，当初也不知道是什么，后来放一小匙在汤中，味道鲜美极了，太监们说这是宫中每天多出来的鸡鸭鱼肉，皇上吃不完，他们就把这些熬成汤，再晒干磨成粉，这不成了现代的味精了吗！但这些是真材实料呀，平时这些老太监们还不舍得拿它随便送人呢。

  外公对烹饪也有兴趣研究，总说材料不需要贵，但能做出来好吃就成。北京那时的大小饭馆有什么名菜，外公都记得，朋友们去吃馆子有时事先都得来问问，以免显着外行。外公除了饭馆外，北京四城的小吃很多，外公多数都亲尝过，也都是记下来。北京的小吃，花样多，又细致，这是因为北京在旗的人多，他们都有官粮拿，一般不用做事，也可生活，闲下来就喜欢研究饮食。外公把多年尝过的小吃，集成一本书，就是《北京的小吃》。这种求知的精神，值得我们学习。外公家对待下人们也很厚道，像北方夏天很热，每天下午三四点钟，一定预备了几个冰镇西瓜（那时没有电冰箱，每天早上有人送几十磅天然冰，放在木制冰箱内）大家聚在一起吃，佣人们都有份儿。每次买水果，都是去果子市上担（百斤）的买，买回来就由我们孩子分份儿，每人一份儿，或每房几份儿放在一齐。连栗子、花生都分，真是民主的表现。

外公有随机应变的本事，像抗战末期，有一年北京闹"虎烈拉"（即是霍乱），日军方面怕传染开，于是在北京内城的四城城门口都摆好了几口大缸，里面放了石灰水，四乡的菜农运菜进城，都得把菜在水缸里浸一下，这种菜怎么吃呀！外公想了一个法子，记得太庙公园内有不少野生的"曲么菜"，开小黄花儿的，很嫩，由我们下了学，大伙儿骑着自行车，拿着面粉口袋及小刀子，去太庙挖菜，反正每人才买一张门票啊，进入太庙（从前皇帝的家庙）后，尽量的挖，也没人管（真像王宝钏在窑洞外边挖菜了），拿回家洗干净后，用开水烫熟，再加香麻油、酱油等拌着吃，味道清香，维他命也很多，很像上海人喜欢吃的"马兰头"，比现在欧西流行的"阿发发"好吃多了。

外公三兄弟学的是德文、法文，我的姨和舅舅们也是学的德文、法文，而我从小由先父处也学到一些日文，所以现在听起这些外文来，相当顺耳。抗战时期，外公三兄弟对欧洲及当时中国的局势非常注意，每天吃完晚饭后，必要有人来"读报"，即是把当天的新闻，简单扼要的说一说，然后三兄弟再在一起讨论时局。"英文报"是由我表舅阎复初读，"法文报"是由我十三姨齐崇来读。抗战末期时，姨们及舅舅们已成年的都陆续去内地重庆，就由我表哥们接着报告新闻，每天晚上偷听重庆中央广播电台的广播，那时北京怕被盟军轰炸，窗户上都得挂上黑布，晚上听广播时，也得用厚被盖着收音机，然后再把头伸进去，怕被外边听见，总是提心吊胆的，还得记下来，怕忘了，第二天得回报。我有时也跟着听，听到了好消息时，又兴奋，又紧张，等到1945年8月日本投降的消息传来时，当时大家高兴的情形，至今如在眼前。我外公也恢复自由了，可以到外边看看了。外公家里整天人来不断，都是喜气洋洋的述说好消息，我们自小就培养要有爱国精神。

外公在欧洲时，在各国看的戏不少，又研究话剧，返国后对中国戏剧，批评的很厉害，但经过多看、多研究后，反而一反前说，觉得有它特殊的地方，值得穷毕生之力研讨，为此曾和上千的戏剧名角，上自老供奉们，下至前后台各种人等，连梳头的，管衣箱的，逢人便问，问后都记下来，多数人都是说，是师傅这么教的，知其然而不知其所以然，经外公多年推敲，再参考书籍，结果得到一个结论，即是说我国的戏剧是"有声皆歌，无动不舞"的戏剧。外公和梅兰芳先生合作多年，是要借梅先生的艺术造诣，把国剧介绍给世界各地，把它由地方性，转为国际性。外公常说："我替梅先生编戏，可是一个子儿也没和他要过。"又和梅先生说："您现在已在全中国出名了，但是您如听从我的见解，我可以令您世界出名，同时我的理论也可由您来实验，互相有利。"故梅先生对我外公是十分尊敬的。梅先生去世后，梅太太每年仍然来给我外婆拜年呢。

外公为了实现把国剧推扬到国外的计划，首先是把梅先生的艺术介绍给来中国的名人们欣赏，外国人不懂得唱词儿，故外公特别为梅先生编了《嫦娥奔月》，创造古装，增加舞蹈。渐渐的外国人来听梅剧的多了，外公又编了几出如《霸王别姬》《天女散花》等戏。曾来中国看过梅剧的，前后有瑞典皇太子、印度大文豪泰戈尔等，看过后对中国戏的优美十分赞赏。由此外公想到，可以由梅先生组团到外国公演，实现以前许过的诺言。这个计划首先是由于当时美国公使芮恩施的鼓励，他说如果梅先生能到美国表演他的艺术，中美两国国民，借艺术的沟通，会更加亲善。但说来容易，筹备起来就不简单了。我外公为了梅剧团的赴美演出一事，先后约费了七八年的准备功夫。如宣传工作，特为此编了一部《中国戏的组织》，介绍中国戏的唱白、动作、脸谱等，然后再翻成英文，让外国人未听戏前，先有些认识。还画了不少关于戏剧的图画，多是由我母帮着画的。另外，选适合外国人看的剧本，舞台的布置及音乐的安置都和在中国演出时有些分别。音乐方面，乐师坐的地方用隔扇隔开，使台下人看不见，取消饮场（当时尚有此陋习）。筹款工作同时进行，经过无数友好的协助，又得燕京大学校长司徒雷登博士的介绍，才得以成行。年前我居住在美京华盛顿一个时期，曾拜访过前司徒校长的秘书长傅泾波老伯，老伯虽已八七高龄，仍记得十分清楚，曾到过裱褙胡同外公家商谈赴美演唱的事，因傅老伯当时也帮过不少忙呢。后来虽然成功返国，梅先生也得了两个博士，各方面的反应均十分热烈，但大家都赔了不少钱倒是真的。这些详情，可见外公口述，我七姨齐香笔记的《梅兰芳游美记》，兹不多述。后来我考取燕京大学，外公知道了非常高兴，说："你能读燕京很好，司徒雷登是我好朋友，你要好好用功。"转眼已是四十年前的事了。如今傅老伯有意把司徒校长的骨灰运回中国杭州安葬，因校长生长在中国，对中国有特别的感情，这是司徒校长的遗言，希望不久能成为事实。去年承傅老伯赐我一本《司徒雷登日记》，他的一生与中国有深远的关系，并曾做过一任美国的驻中国大使。

外公一方面研究戏剧，同时对有戏剧天才的演员们，一直都在注意提携，像早期富连成的李世芳和毛世来，就由外公介绍给梅先生收为弟子。抗战胜利后，我曾见杨荣环和陈永玲来探望过外公。后来到了台湾，见到徐露小姐是可造之材，也为她及大鹏剧团编了新戏。

外公很有幽默感，又喜热闹，自己常说肚子里经常藏着两百多个笑话，什么环境下讲什么笑话。笑话是有时间性、地区性的，随便说是引不起共鸣的。有些也是真事，很能讽刺人生。我们听外公的笑话可是听的多了，可惜记性不好，如今连十分之一也不记得了，真是可惜。当初我刚认识外子时，他也在燕京读书，他读经济，我读音乐，他比我高两班。家中知道我有了个男朋友叫姚刚，外公一听，噗哧就笑了，待了半天才说："名字虽一样，脾气恐怕不同罢！"我听后莫名其妙，因那时我还未听过《姚期》这出戏，怎么知道姚期的儿子姚刚是个非常鲁莽的人呢。外公常是说话不多，但这内中却包括不少事呢。

1949 年外公到了台湾，因走的匆忙，一本书也未带，那时我们都住在基隆我三舅家，三舅齐熙是中国最早期的造船博士，这也实现了老外公生前提倡科学的原意。三舅母是德国人，为人十分和蔼可亲，又极孝顺外公，外公本可安享老太爷福了，但外公仍是每天必写数千字，想起什么就写什么，仅凭记忆。并且皆用毛笔，也爱写信，慢慢地就与外界都联络上了。外公最喜欢散步，且于散步中构思要写作的内容，在基隆住时，每天也要出去走走，有时我们也陪着，外公于散步时非常注意一般民生问题。后来搬到台北住，朋友多了，常常来谈谈天，外公会在客人都在时和大家告个乏，即上楼去休息一会儿，再下楼接着陪客人们聊天儿，自己很会珍摄。当我于1951年春离开台北，要来香港的时候，曾提起不放心外公的起居，外公说："我年青时即到欧洲去，都是一个人，都习惯了，我会照顾自己。"外公在第一次欧战时，曾替豆腐公司带过一批河北劳工去巴黎，那时不仅要照顾自己，还要照顾一大群人呢，外公常说要我们重视国民外交，就是要中国人给人家一个好印象。他说他带的那批劳工都是河北乡下人，从未出过远门，个个又能吃，由西伯利亚坐火车一直到欧洲，一路上如不当心，就得闹不少笑话。外公发现他们每顿饭都吃不饱，因为食量大，每人每顿饭要吃几条长面包，一次买的太多，拿起来不方便，又怕人笑话，就想出一个办法，火车每停一站，就派人下去买面包，如此堆积起来，一顿饭吃百十来个大面包的问题，总算解决。

外公因为平时善于摄生，又爱走动，故身体一直不错，尤其脑子清楚，也许是多用之故罢。记得他去世前不久，曾到医院做过全身检查，医生说他的脑子只有四十多岁，年青的很呢！他还有许多计划要做，要写的。而且到老，头发一根也不白，常自嘲为"不白之冤"。

1961年秋，我陪外子由东京经台北返港，很想借此机会在台北小住几日，探望外公及在台亲友，事前曾禀告，外公知道非常高兴。怎知入台签证一直发不下来，而行期已定，只好再禀告说，到时只能在机场停留一小时，不能前来探望。哪里想到，等我们步出松山机场时，外公竟亲自来看我们了，令我们十分惊喜。外公拿着支手杖，虽稍清减，但仍是神完气足，腰板儿挺直，与十年前没有多大分别，见了我们问长问短，可惜短短的一小时，竟是最后一面，思想起来，令人伤心。

外公一生，值得记述的事很多，可惜我才疏学浅，未能道出其万一。外公生前过的是多彩多姿的生活，每一天都活得有意义，从未提过"老"字。他老人家留下的丰富遗产，我们可以学习，他的人生观，我们可以拿来做借镜，古人所谓：立德，立功，立言。外公著作等身，总算是立言了罢。

（原文载于《百年国士》，
商务印书馆2010年12月第1版）